しくみ図解

# 電子回路が一番わかる

▶電子工学を学ぶ人のはじめの一歩◀

清水暁生 著

技術評論社

# はじめに

　私たちの生活はスマートフォンやパソコン、家電のようなたくさんの電子機器によって支えられています。これらの電子機器を製作したり、動作を理解したりするときに役立つのが電子回路です。

　電子回路を学ぶときには、電気回路の基本法則やトランジスタなどの半導体などの知識が重要になります。これらを学ぶときに避けては通れないのが数式です。数式は法則や現象を簡潔に表してくれる便利なツールです。

　しかし、これらの数式が初学者にとってハードルとなります。電子回路の勉強をしていると、「何でこんな数式が出てきたの？」とか「この式をどうやって解くの？」といった疑問が出てきます。様々な数式を理解する必要があるため、数式だけで電子回路を嫌いになってしまう人がたくさんいます。でも、数式は理解してしまえば便利なツールです。ここで挫折してはもったいないです。

　本書では、できるだけ難しい数式は使わず、数式が持つ意味に重点を置いて説明しています。ただし、オームの法則のような基本的で簡単なものは数式で表した方が理解しやすいため、あえて数式で説明しています。これらの数式にも、式の意味を説明していますので、それらを理解しながら読み進めましょう。

　まずは、電子回路を学ぶために知っておくべき知識や法則、電子回路で使用する部品などを理解しましょう。その後に電子回路の働きや仕組み、電子回路のいろいろな応用例を基本に立ち返りながら理解しましょう。

　本書で電子回路の楽しさを存分に味わっていただけたら幸いです。

清水　暁生

# 電子回路が一番わかる

## 目次

はじめに・・・・・・・・・・・・・3

### 第1章 「簡単！」電気の基本・・・・・・・・・・・・・9

1 電気の性質・・・・・・・・・・・・・10
2 電気を通しやすいものと通しにくいもの・・・・・・・・・・・・・12
3 電気の正体・・・・・・・・・・・・・14
4 電気エネルギーの変換・・・・・・・・・・・・・16
5 電気と回路と情報・・・・・・・・・・・・・18

### 第2章 「簡単！」電気回路の基本・・・・・・・・・・・・・21

1 直流電圧と交流電圧・・・・・・・・・・・・・22
2 交流の表現と実効値・・・・・・・・・・・・・24
3 電圧と電位・・・・・・・・・・・・・26
4 電源・・・・・・・・・・・・・28
5 オームの法則・・・・・・・・・・・・・30
6 キルヒホッフの法則・・・・・・・・・・・・・32
7 合成抵抗・・・・・・・・・・・・・34
8 コンダクタンス・・・・・・・・・・・・・36
9 電力とエネルギー・・・・・・・・・・・・・38

CONTENTS

## 第3章 「簡単！」回路素子の基本……………41

1 電子回路を作るための部品……………42
2 抵抗の働きとしくみ……………44
3 コンデンサの働きとしくみ……………48
4 コイルの働きとしくみ……………53
5 半導体の働きとしくみ……………56
6 ダイオードの働きとしくみ……………58
7 バイポーラトランジスタの働きとしくみ……………62
8 FETの働きとしくみ……………66
9 オペアンプの働きとしくみ……………70
10 LEDの働きとしくみ……………74
11 センサの働きとしくみ……………76

## 第4章 「簡単！」電子回路の基本動作……………79

1 電子回路の基本構成……………80
2 接地回路……………82
3 電圧を増幅する……………84
4 電流を増幅する……………86
5 オペアンプで電圧を増幅させる……………88
6 負帰還回路……………91
7 重い負荷を駆動する……………93
8 一定の電流を流す……………95
9 任意の周波数のみを通す……………97
10 オペアンプで演算する……………99
11 デジタル回路で演算する……………101
12 電子回路とプログラミング……………105

## 第5章 「簡単！」電子回路の応用 … 107

1. 電子回路でできること … 108
2. LEDを光らせる回路 … 110
3. ヘッドホンを鳴らす回路 … 112
4. スピーカーを鳴らす回路 … 114
5. ラジオを聴くための回路 … 116
6. 一定の電圧を供給する回路 … 122
7. 光に反応する回路 … 124
8. 1 bitの加算回路 … 126

## 第6章 「簡単！」電子工作 … 129

1. 電子工作 … 130
2. LED点灯回路の製作 … 132
3. ヘッドホンアンプの製作 … 136
4. オーディオアンプの製作 … 140
5. 電源回路の製作 … 144
6. 光センサ回路の製作 … 147

CONTENTS

**総復習 電子回路の学び方**……………149

- **1** 基本をしっかり学ぼう……………150
- **2** 電子回路を学ぼう……………153
- **3** はんだ付けとブレッドボード……………155
- **4** 部品のお取り寄せガイド……………160
- **5** 電子回路を学ぶための方法……………162
- **6** トランジスタの小信号等価回路……………164
- **7** プリント基板で製作するために……………166
- **8** 回路シミュレータを使った設計……………168

参考文献……………171
用語索引……………172

CONTENTS

 コラム│目次

定格を守りましょう・・・・・・・・・・・・20
数学は便利なツール・・・・・・・・・・・・40
トレードオフ・・・・・・・・・・・・78
正帰還・・・・・・・・・・・・121
デジタル回路の作り方・・・・・・・・・・・・128
回路の保護機能・・・・・・・・・・・・152
電子工作のすすめ・・・・・・・・・・・・170

# 第1章

# 「簡単！」電気の基本

　電子回路では、さまざまな専門用語や現象を表した公式が出てきます。まずは電子回路に興味を持っていただくために、電気の使われ方や性質を学ぶことで、電気のイメージを持ちましょう。

　本章では、普段使っている身の回りの電気を思い出し、目に見えない電気について説明します。電気の正体と性質を学び、電気の使い方を理解しましょう。電気のイメージを持つことができれば、第2章以降の内容を理解しやすくなります。

# 1-1 電気の性質

## ●身近な電気

　電気は私たちの生活になくてはならないものです。冷蔵庫、テレビ、パソコン、エアコンなどコンセントが付いているものはすべて電気の力で動いています。また、携帯電話、ラジオ、リモコン、携帯ゲーム機器などの乾電池やバッテリーで動いているものも同様です。このように考えると、私たちの生活は電気を使う製品で支えられていることがわかります。

## ●電圧によって送られる電気

　小学校の実験などで豆電球を点灯させたり、モータを回したりする実験をしませんでしたか？　これらには乾電池などの「電圧」を発生させるものが必要です。
　**電圧**とは電気を豆電球やモータに送るための圧力のことです。乾電池に豆電球をつなげると、電圧によって乾電池のプラス端子から電気が豆電球に送られ、乾電池のマイナス端子に戻ってきます（図1-1-1）。

## ●電気の流れが電流

　このような電気の流れを**電流**といいます。電流は電圧の高い方から低い方へ流れます。例えば、2つの豆電球を縦につないだときは**直列つなぎ**、2つとも同じ大きさの電流が流れます（図1-1-2）。
　また、2つの豆電球を横につないだときは**並列つなぎ**、電流が2方向に分かれ、分かれた電流を足し合わせると元の電流と同じ大きさになります（図1-1-2）。

### 図 1-1-1　電圧と電流の関係

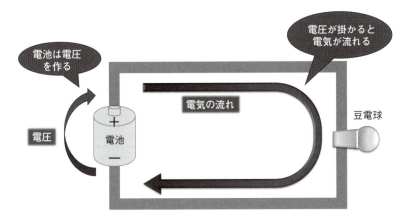

### 図 1-1-2　直列回路と並列回路

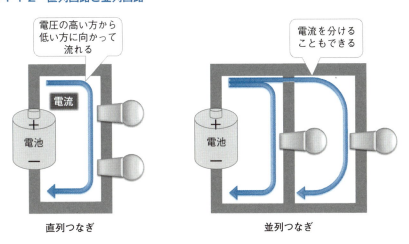

# 1-2 電気を通しやすいものと通しにくいもの

## ●導体

　乾電池から豆電球に電気を流すためには、電気の通り道である導線が必要です。電気を通しやすいものを**導体**といい、導体でできた線を**導線**といいます。

　導体には、銅やアルミニウム、金などの金属が多く、導線には銅やアルミニウムがよく使われています。また、非常に高価で希少な金も加工しやすいため、たくさんの回路を小さなチップに集積した**集積回路**（IC：Integrated Circuit）に使われることがあります（図1-2-1）。

## ●絶縁体

　電気を通しやすいものだけで導線を作ると危険なことが多々あります。例えば、乾電池のプラス端子から電球につないでいる導線と電球から乾電池のマイナス端子につないでいる導線が接触すると、乾電池のプラス端子からマイナス端子にかけて大きな電流が流れます。これを**短絡（ショート）**といいます。大きな電流が流れると導線や乾電池が発熱して、破裂したり液漏れしたりする恐れがあり、とても危険です。

　そこで、電気を流しにくい**絶縁体**と呼ばれる材料で導体の周りを覆います（図1-2-2）。これで導線同士が接触しても短絡することはありません。絶縁体にはゴムやガラス、紙などがあります。ただし、電気が「流れにくい」だけであって、たとえ絶縁体であっても高い電圧を掛ければ電流が流れるので、高電圧が掛かっている電線などに触れたら危険です。

## ●半導体

　電気の通しやすさが導体と絶縁体の中間くらいのものを**半導体**といいます。半導体にはシリコンやゲルマニウムなどの材料があり、集積回路の材料として使われています。半導体は電気を流したり止めたりできます。この特

性によって、信号の増幅やスイッチとして使うことができます。これを利用したものが**電子回路**です。

### 図 1-2-1 身近に使われている導体

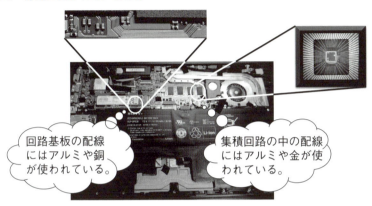

回路基板の配線にはアルミや銅が使われている。

集積回路の中の配線にはアルミや金が使われている。

### 図 1-2-2 導体と絶縁体

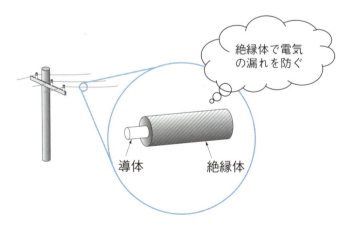

絶縁体で電気の漏れを防ぐ

導体　　絶縁体

# 電気の正体

## ●電気と電荷と電子

電気の量を表すものを**電荷量**といいます。物質を分解していくと**分子**となり、分子を分解すると**原子**となります。原子はプラスの電荷を帯びた**陽子**とマイナスの電荷を帯びた**電子**、そして電荷を帯びていない**中性子**で構成されています。電気回路で扱うときの電気は「電子」です。電子1個あたり約 $1.60 \times 10^{-19}$ C(クーロン)という大きさの電荷量を帯びています。

## ●電荷と電流の関係

電流の定義は電子の流れをイメージする上で非常に重要ですので、ぜひ覚えましょう。**電流**は1秒間に通過した電荷量を表しています。図1-3-3のように導線を通過する電子の数を数えると電荷量がわかります。この電荷量を時間で割って、1秒間あたりに通過した電荷量を計算すると電流が求められます。

> **電流の定義**
>
> $$電流\ I = \frac{電荷量\ Q}{時間\ t}$$
>
> 電流とは1秒間に通過する電荷量

例えば、1秒間に60兆個の電子が通過した場合、60兆が $60 \times 10^{12}$ ですので、
$$電荷量\ Q = 60 \times 10^{12} [個] \times 1.6 \times 10^{-19} [C] \approx 10 \times 10^{-6} [C]$$
となります。これを1秒で割れば電流となります。
$$電流 = \frac{10 \times 10^{-6} [C]}{1 [秒]} = 10 \times 10^{-6} [A]$$

### 図 1-3-1　物質を分解すると原子になる

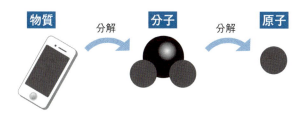

### 図 1-3-2　原子は陽子・電子・中性子で構成される

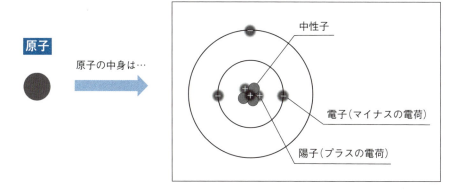

### 図 1-3-3　電流の定義

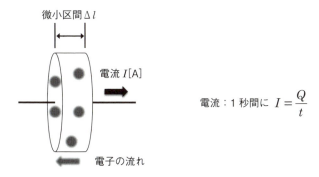

電流：1秒間に $I = \dfrac{Q}{t}$

$t$ 秒間に合計 $Q[\mathrm{C}]$ の電荷が通過

# 1-4 電気エネルギーの変換

## ●電気の変換

電球や LED は電気を光に変えています。電気は光だけでなく、力や音、熱など、さまざまなものに変換できます。そのため、電気はいろいろなものに使われています。

例えば、扇風機やミニ四駆などのモータで動くものは電気を力に変換しているものです。音への変換としてはスピーカーがあり、熱への変換としてはこたつや電気ストーブなどがあります（図 1-4-1）。

## ●光・力・音から電気へ

電気から光や力、音に変換できることを説明しましたが、その逆もいえます。例えば、太陽の光から電気を作り出す太陽電池は、光エネルギーを電気エネルギーへ変換しています。他にも発電所ではタービンの運動エネルギーを電気エネルギーに変換しています（図 1-4-2）。

発電以外の使い方もあります。例えば、電話で話すときは人の音声を電気信号に変換し（図 1-4-3）、デジタルカメラで写真を撮るときは外の光を電気信号に変換して電子データとして保存します。

### 図 1-4-1　電気エネルギーの変換

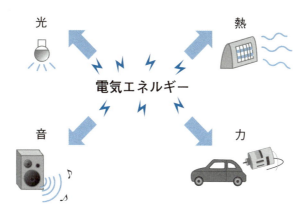

### 図 1-4-2　火力発電（熱→力→電気）と太陽光発電（光→電気）

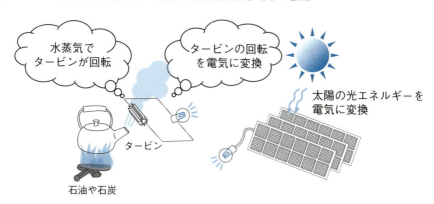

### 図 1-4-3　携帯電話で通話するときの電気の変換

# 電気と回路と情報

## ●電気と回路

　電気によって、暗い場所を明るく照らしたり、寒い場所でも暖かく過ごせたりします。これは電気エネルギーを光や熱などに変換できるからです。

　とても便利な電気ですが、家のコンセントの電気をそのままLEDや電熱線（電気ストーブの暖かくなる部分）につなげると、素子が壊れてしまったり、目的の明るさや温度にできなかったりします。

　しかし、回路を使えば、電気の量を制御し、LEDの明るさや電気ストーブの温度を調整することができます（図1-5-1）。

## ●電気回路と電子回路

　このような電気が流れる回路を**電気回路**といいます。電子回路も電気回路の仲間であり、電子回路の特徴は半導体を使うことです。半導体の増幅作用を使えば、小さい信号を大きくすることができ、オーディオプレイヤーやラジオなどを作れます。また、スイッチング作用を使えば、論理演算などの計算ができるようになり、電卓やコンピュータなどを作れます。

## ●情報を加えて多機能化

　回路だけでもさまざまな機能を実現できますが、回路に情報を加えることでさらに多くの機能を実現できるようになります。具体的には**プログラミング**と呼ばれるものです。マイコン（マイクロコンピュータ）にプログラム（回路を動かすための命令）を組み込めば、簡単な回路で複雑な動作をさせることができます。

　例えば、図1-5-2に示すライントレーサの場合、光の明るさを検出して、その明るさに応じてプログラムで黒か白かを判断し、プログラムが電子回路に「右に曲がりなさい」などの命令を与え、黒いラインをたどることができます。

#### 図 1-5-1 回路で電気を操る

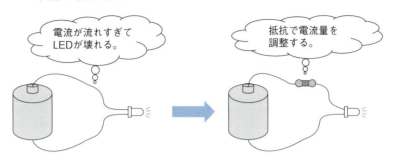

#### 図 1-5-2 プログラムと電子回路の働き

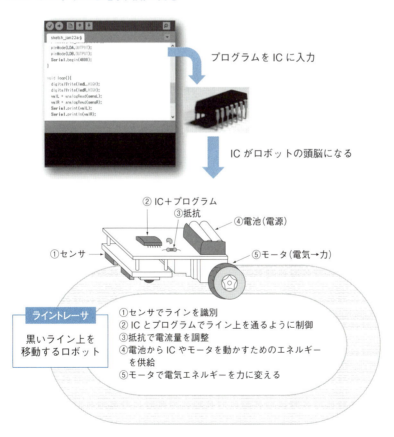

### ⚠️ 定格を守りましょう

　昔、抵抗を指でつまみ、そのまま抵抗に高い電圧を掛けたことがあります。「ジュッ」という音とともに、指先に激しい痛みを感じました。指先を見ると、そこには黒く焦げた抵抗がありました。私が「定格」を意識するようになった瞬間です。

　この抵抗は一般的に売られている 1/4 W 炭素皮膜抵抗というもので、1/4 W（0.25 W）の電力までは使用できますが、それを超えると抵抗が黒くなったり溶けたりします。このように部品を使用できる限度の値のことを**定格**といいます。電子回路で扱う部品には、電力や電圧、電流などの定格があります。定格の範囲内で使用しなければ、動作しなかったり、部品の寿命が短くなったりします。

　ただ、定格を少し超えたからといって、私が経験したように抵抗が一瞬で焦げるようなことはありません。私が手に持っていた抵抗は 10 Ω で、掛けた電圧は 10 V です。その電力は 10 W です。定格の 40 倍です。部品には絶対に超えてはならない値があります。この値を**絶対最大定格**といいます。絶対最大定格を少しでも超えると、部品が溶けたり、使用できなくなったりします。電子回路を作るときは定格と絶対最大定格に気を付けましょう。

第2章

# 「簡単！」電気回路の基本

　電子回路を理解するためには、電気回路の基本法則を知っておく必要があります。本章では、電圧と電流の関係を表したオームの法則やキルヒホッフの法則について説明します。電圧・電流・抵抗の性質や動作を頭の中でイメージできるようになりましょう。どんなに複雑な回路を設計していても、電圧・電流・抵抗のイメージが必要になります。

# 2-1 直流電圧と交流電圧

## ●直流と交流

電圧や電流には「直流」と「交流」があります。**直流**は一定方向に一定量で流れる電気です。川の流れのようなイメージです。一方、**交流**は両方向に周期的に流れる電気です。ブランコを漕いでいるときのようなイメージです。

## ●直流電圧

テレビのリモコンや時計などに使う乾電池は直流電圧です。直流電圧は時間変化しない一定の電圧です。電子回路では、直流電圧をエネルギー源として使うことでさまざまな機能を実現できます。直流電圧によって回路の特性が変わることもあり、電子回路においてはとても重要なものです。

## ●交流電圧

身近な交流電圧としてはコンセントの電圧があります。電子回路では直流電圧のエネルギーを使って、交流電圧の大きさや形を変化させます。

交流電圧の場合は直流とは異なり、時間とともに電圧がプラスになったりマイナスになったりします（図2-1-3）。プラスとマイナスの電圧は一定の周期で交互に現れ、これを**正弦波**といいます。プラスとマイナスが現れる時間を**周期**といい、1秒間に現れるプラスとマイナスが現れる回数を**周波数**（単位はHz（ヘルツ））といいます。なお、周期$T$の逆数が周波数$f$となります。

> **周波数と周期の関係**
> 周波数 = 1/周期
> 周波数は周期の逆数

日本のコンセントの電圧は100 Vとして知られていますが、実は、最大値は$\sqrt{2} \times 100$ V $\approx 141$ Vです。この100 Vというのは**実効値**と呼ばれる値で、簡単に説明すると、「直流電圧に置き換えた場合の電圧値」となります。

### 図 2-1-1　直流と交流のイメージ

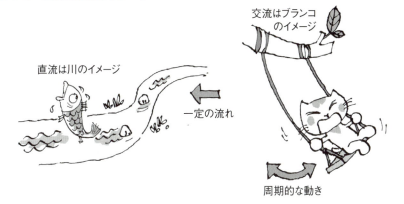

### 図 2-1-2　直流電圧は回路のエネルギー源

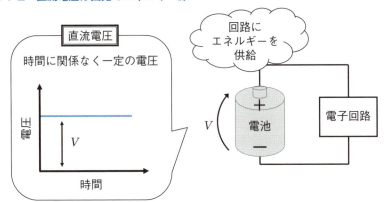

### 図 2-1-3　コンセントの電気は交流

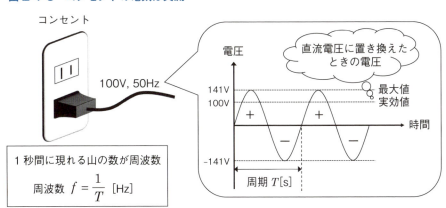

# 2-2 交流の表現と実効値

## ●交流の表現

交流電圧は時間によって電圧が変化します。ある時点における瞬間の電圧を**瞬時値**といいます。交流の瞬時値は図2-2-1のようにsin関数で表すことができます。

> **交流電圧の表し方**
> 交流電圧の瞬時値 $v(t)$ = 電圧の最大値 $V \times \sin \omega t$
> 交流電圧の瞬時値はsin関数で表される

ここで、$\omega t$ はsin関数の角度 $\theta$ を表していて、時間とともに電圧が変化する様子を表しています。

## ●実効値

2-1節で説明したように、コンセントの電圧の最大値は約141Vで実効値100Vの$\sqrt{2}$倍です。なぜこのような値で表すのでしょうか? 交流電圧は常に電圧が変化していて、その平均値をとると0Vになってしまいます。これでは交流電圧の大きさを決めることができません。

そこで、図2-2-2のようにすべての電圧をプラス側へ移動させて、その平均値をとります。これで、交流電圧であっても直流電圧のように一定の電圧値で扱うことができるようになります。なお、最大値 $V$ を $\sqrt{2}$ で割れば交流電圧の実効値を求められます。

> **交流電圧の実効値**
> 
> 実効値 = $\dfrac{\text{最大値}}{\sqrt{2}}$
> 
> 交流の実効値は最大値を$\sqrt{2}$で割ったもの

### 図 2-2-1　正弦波の表現（sin ωt）

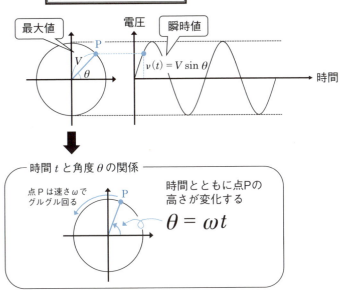

### 図 2-2-2　実効値の求め方

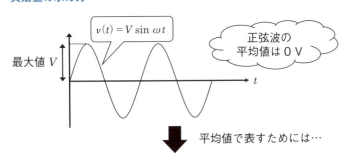

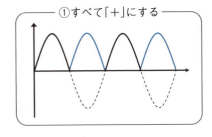

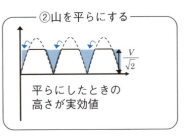

# 2-3 電圧と電位

## ●電圧と電位

電子回路ではよく「電位」という言葉を使います。**電位**とは物理でいう位置エネルギーの位置に相当します。基準となる電位（0 V）の地点から何 V の位置にあるかということを表します。

教科書で電気回路の水流モデル（図 2-3-1）を見たことがないでしょうか？ 水が位置の高いところから低いところへ流れるのと同じように、電流も電位の高いところから低いところへ流れます。そして地面を 0 V として考えます。また、この地面のように 0 V となるところを**グランド（GND）**と呼びます。

電流は電池によって GND から電源電圧まで引き上げられ、抵抗によって再び GND まで落ちます。電気回路や電子回路で電流の流れを考えるときは、頭の中でこのようなイメージをしておくと理解しやすくなります。

また、2つの電位の差を**電位差**といいます。例えば、図 2-3-2 の点 P と点 Q の電位はそれぞれ 1.5 V と 1.0 V なので、点 P と点 Q の電位差 $V_{PQ}$ は 1.5 V − 1.0 V=0.5 V となります。

## ●電位を意識した回路図の描き方

一般的に回路図は図 2-3-3（左）のように描きます。ただし、電子回路では図 2-3-3（中央や右）のように描くこともあるので、描き方を覚えておきましょう。電池のプラス端子を一番上、マイナス端子（GND）を一番下に配置し、電池自体は省略します。このときの $V$ は電位（GND からの電圧）を表しています。

図 2-3-3（右）の描き方であれば、電流が上から下に流れる様子がイメージしやすくなります。こちらの方が回路動作を理解しやすいので、回路設計者はよく図 2-3-3（右）の回路を使います。本書でも使いますので、今のうちに慣れておきましょう。

#### 図 2-3-1　電圧と電位の関係

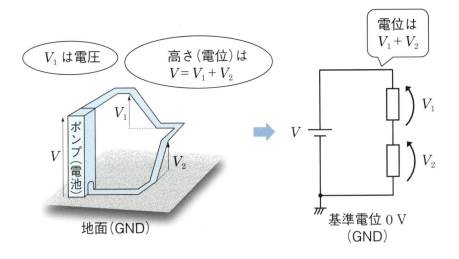

#### 図 2-3-2　電位と電位差

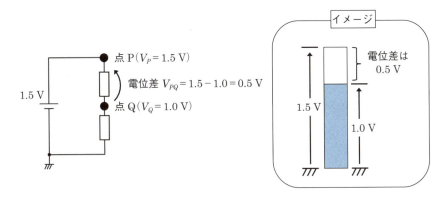

#### 図 2-3-3　電源を省略した回路図

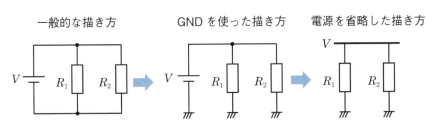

## 2-4 電源

### ●電子回路に必ず必要な電源

電子回路を使えば、音を大きくしたり、LED を光らせたり、計算したりなどさまざまなことができます。ただし、電子回路は電気エネルギーで動いているため、電気エネルギーを回路に供給する必要があります。**電源**は回路にエネルギーを供給し、その動作を支えるとても重要な回路です（図 2-4-1）。

また、回路に必要なエネルギーを供給する回路を**電源回路**といいます。第 5 章で簡単な電源回路を紹介します。

### ●電圧源と電流源

電源には電圧を発生させる「電圧源」と電流を発生させる「電流源」の 2 種類があります。身近な電圧源としては乾電池があります（図 2-4-2）。

**電圧源**は電圧を制御する電源で、一定の電圧を発生させたり交流電圧を発生させたりするものがあります。

**電流源**は電流を制御する電源です。電圧源では電子を移動させる「力」を制御し、電流源では電子の「流れる量」を制御するイメージです。電流源を一般の人が目にすることはあまりないですが、電子回路ではよく使います。これは、電子回路で最も重要な素子であるトランジスタ（第 3 章参照）を電流源として扱うためです。トランジスタを使う電子回路を理解するためには、必ず知っておかなければなりません。

### ●回路図記号

電源の回路図記号の描き方はいくつかあるのですが、本書では図 2-4-3 に示す記号のみを使います。よく使うので覚えておきましょう。

### 図 2-4-1　電源のエネルギー

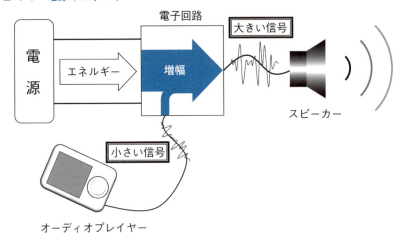

### 図 2-4-2　電圧源と電流源のイメージ

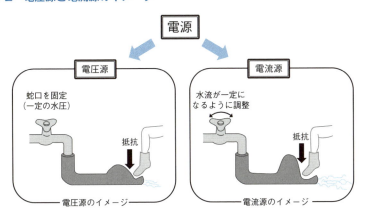

### 図 2-4-3　電源の回路図記号

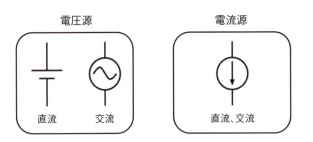

# 2-5 オームの法則

## ●オームの法則とは

　回路解析で使うほとんどの式はオームの法則を基に立てられます。最も重要な法則ですので、この法則はしっかりと理解しましょう。

　**オームの法則**というのは、ドイツの物理学者であるオーム（Georg Simon Ohm）が実験で発見した法則です。「電流 $I$ は電圧 $V$ に比例する」というものです。

> **オームの法則**
>
> 電流 $I$ = 比例定数 $\dfrac{1}{R}$ × 電圧 $V$
>
> 電流は電圧に比例する

　$R$ は電気の通り難さを表していて、**抵抗**と呼びます。抵抗の単位は発見者の名前をとってΩ（オーム）と名付けられました。

　オームの法則はいろいろな形で表すことができます。求めたいものに応じて使い分けましょう。

$$V = RI$$

$$R = \frac{V}{I}$$

## ●抵抗の物理現象からイメージできるオームの法則

　図 2-5-1 のように抵抗に電圧を掛けると、抵抗の中を電子が移動します。抵抗の中では原子が電子の移動を妨げるため、電子が移動しにくくなります。この移動のしにくさが抵抗 $R$ で表され、$R$ が大きいほど電流は小さくなります。

### 図2-5-1　オームの法則

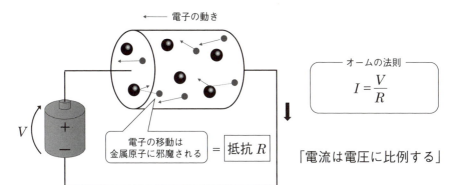

### 図2-5-2　オームの法則の変形

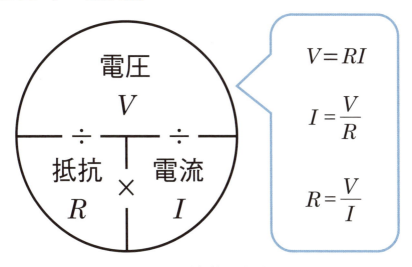

注）求めたいものを指でかくせば式がわかります。

# 2-6 キルヒホッフの法則

## ●キルヒホッフの法則とは

　回路の動作を理解するためには、オームの法則の他にキルヒホッフの法則を知っておかなければなりません。**キルヒホッフの法則**には第一法則と第二法則というものがあります。前者が電流に関する法則なので**電流則**（KCL：Kirchhoff's Current Law）、後者が電圧に関する法則なので**電圧則**（KVL：Kirchhoff's Voltage Law）と呼びます。第一法則や第二法則では、どちらが何の法則なのかイメージしにくいので、本書ではKCLやKVLと呼びます。

## ● KCL（電流則、第一法則）

　それではKCLについて具体的に説明します。図2-6-1のように電池を2つの抵抗に接続した場合、電池から流れる電流 $I$ は節点Aにおいて $I_1$ と $I_2$ に分かれます。このとき、電流 $I_1$ と $I_2$ の合計は $I$ に等しいというのがKCLです。水の流れが途中で二股に分かれるときも同じで、元の水量と分かれた後の水量の合計は同じです。電流を考えるときは、このように水流で考えるとイメージしやすいです。

> KCL
> 流れ込む電流 $I$ ＝出ていく電流の総和（$I_1 + I_2$）
> 回路の接点に流れ込む電流と出ていく電流は等しい

## ● KVL（電圧則、第二法則）

　KVLは水位で考えるとわかりやすいです。電池は水位を上げるためのポンプで、抵抗はスロープです。ポンプでくみ上げられた水は抵抗 $R_1$ と $R_2$ で下り、ポンプに戻ります。つまり、ポンプの下からスタートした水（高さ0 m）は元の高さ（0 m）に戻ることになります。実際の回路も同じで、電池のマイナス端子からスタートした電圧（0 V）は抵抗で電圧が下がり、元の電圧

0 V になります。電圧降下（抵抗に掛かる電圧）を考えるときはこのモデルを頭の中でイメージしておくと便利です（図2-6-2）。

> **KVL**
> 回路1周分の電圧 $[V-(V_1+V_2)]=0$
> 回路を一周したときの電圧の和は0になる
> ※電池の電圧と抵抗の電圧降下の向きは逆なので「−」が付く

### 図2-6-1 KCLのイメージ

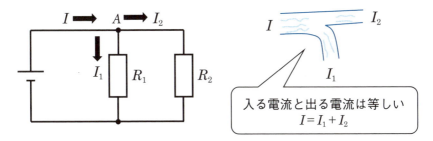

### 図2-6-2 KVLのイメージ

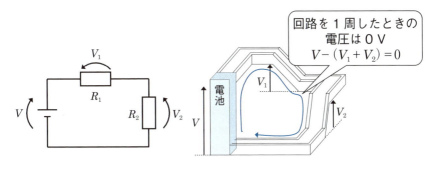

# 2-7 合成抵抗

## ●合成抵抗とは

　電子回路ではたくさんの抵抗がつながった回路が登場します。しかし、抵抗が増えるほど計算が複雑になってしまいます。例えば、図2-7-1のように抵抗をつないだ場合、それぞれの抵抗に流れる電流を求めるためには3つの連立方程式を解かなければなりません。抵抗が増えるほど方程式の数も増えてしまうので、できるだけ抵抗の数を減らした方が簡単に解析できます。

　合成抵抗を使えば複数の抵抗を1つの抵抗として見ることができるので、ぜひ、合成抵抗を計算できるようになりましょう。

## ●直列抵抗

　縦に並んだ抵抗のことを**直列抵抗**といいます。抵抗は電流の流れを妨げるものですので、それが縦に並ぶと、より電流が流れにくくなります。よって、直列抵抗を1つの抵抗として見た場合、2つの抵抗を加算したものに等しくなります。

> 直列抵抗の合成抵抗　$R = R_1 + R_2$
> 合成抵抗 $R$ = 抵抗の総和（$R_1 + R_2$）
> 直列抵抗の合成抵抗は直列につないだ抵抗の総和で求められる

　直列抵抗はより大きな抵抗を作ったり、電圧を分配したりするときに使います。

## ●並列抵抗

　横に並んだ抵抗のことを**並列抵抗**といいます。この場合、電流の流れる経路が増えるため、より大きな電流が流れるようになります。したがって、並列抵抗の合成抵抗は1つのときよりも小さくなります。並列抵抗の合成抵抗は、それぞれの抵抗の逆数を加算した値の逆数になります。

> **並列抵抗の合成抵抗** $\dfrac{1}{R} = \dfrac{1}{R_1} + \dfrac{1}{R_2}$
>
> 合成抵抗の逆数 $\dfrac{1}{R}$ ＝ 抵抗の逆数の総和 $\left(\dfrac{1}{R_1} + \dfrac{1}{R_2}\right)$
>
> 並列抵抗の合成抵抗は抵抗の逆数の総和で求められる

並列抵抗はより大きな電流を流したいときや、電流を分配したいときに使います。

### 図2-7-1 複数の抵抗は合成して1つの抵抗にまとめる

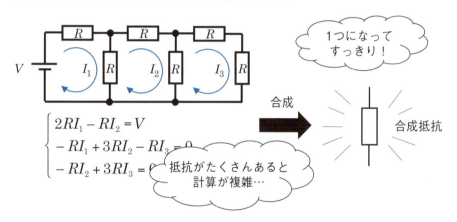

### 図2-7-2 直列抵抗と並列抵抗の合成抵抗

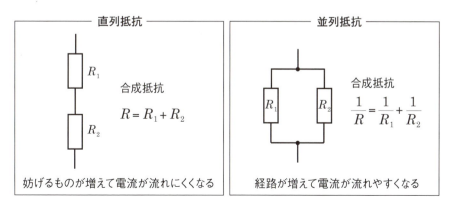

# 2-8 コンダクタンス

## ●コンダクタンスとは

抵抗の逆数のことを**コンダクタンス**といいます。抵抗は電気の流れにくさを表していますが、コンダクタンスは電気の流れやすさを表しています。つまり、コンダクタンスが大きいほど電気が流れやすくなり、小さいほど流れにくくなります。

例えば、1kΩの抵抗のコンダクタンスは

$$G = \frac{1}{1\,k\Omega} = 1\,mS$$

となります。抵抗を表す記号は「$R$」ですが、コンダクタンスを表す記号は「$G$」です。また、コンダクタンスの単位は「S（ジーメンス）」です。

## ●コンダクタンスを使った並列抵抗の表し方

コンダクタンスを使えば、合成抵抗をより簡単な式で表すことができます。

> コンダクタンスで表す並列抵抗の合成抵抗　$R = \dfrac{1}{G_1 + G_2}$
>
> 合成抵抗 $R =$ コンダクタンスの総和の逆数 $\dfrac{1}{G_1 + G_2}$
>
> 並列抵抗の合成抵抗はコンダクタンスの総和の逆数で求められる。

電子回路では、たくさんの並列抵抗が出てきます。そのため、電子回路においてコンダクタンスはとても便利な考え方ですので、ぜひ覚えておきましょう。

### 図 2-8-1　抵抗とコンダクタンスの関係

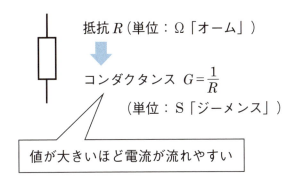

### 図 2-8-2　コンダクタンスを用いた並列抵抗の合成抵抗

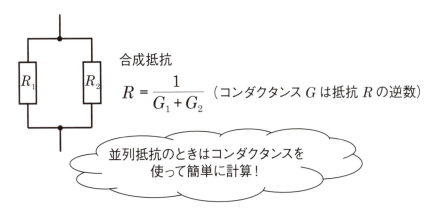

# 2-9 電力とエネルギー

## ●回路で消費されるエネルギー

スマートフォンなどを使っていると「あと何時間使えるのか」が気になると思います。電子機器が使える時間は、バッテリーに溜まっている電気の量と回路で消費される電気の量によって決まります。

回路が消費するエネルギー量は**電力**というもので定義されていて、単位はW（ワット）です。電力は「単位時間あたりの仕事量」を表していて、W（ワット）＝J/s（ジュール毎秒）となります。

回路で消費される電力のことを**消費電力**といい、消費電力が小さい電子回路ほど長時間使うことができます。そのため、スマートフォンなどで使われる電子回路は非常に小さい電力で動くように設計されています。

回路でエネルギーが消費される原因は抵抗です。抵抗内では金属原子によって電子の流れが妨げられ、この妨害によってエネルギーが発生します。このエネルギーは熱として外部に逃げていきます。抵抗で消費される電力は、抵抗値や電流、電圧で決まります。

## ●電力は電圧と電流の積

電力は回路で消費される電気の量です。電力 $P$ と電圧 $V$、電流 $I$ には以下の関係が成り立ちます。

> **電力**
> 電力 $P$ ＝ 電流 $I$ × 電圧 $V$
> 大きな圧力でたくさんの電子を流すほど電力を消費する

また、オームの法則を使って式を変形することもできます。

$$P = IV = I^2 R = \frac{V^2}{R}$$

$P = I^2 R$ は大きな抵抗に大きな電流を流すと、抵抗で消費される電力が大

きくなることを表しています。

### 図 2-9-1　エネルギーの消費

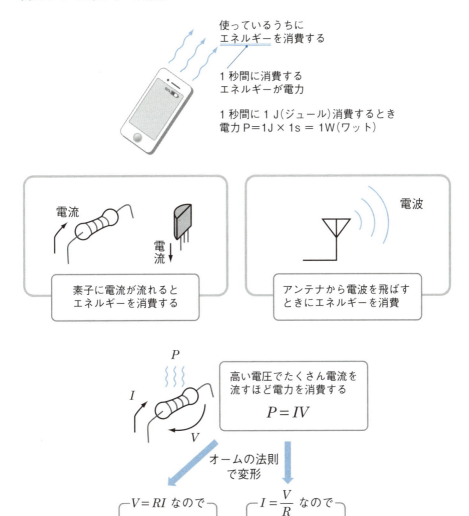

## ❗ 数学は便利なツール

　小学生に算数を教えていると「数学があれば簡単に説明できるのになあ……」と感じることが多々あります。例えば、「A さんは、1 個 100 円のリンゴと 1 個 200 円の桃を合わせて 5 個買いました。このときの合計金額は 700 円でした。A さんは 100 円のリンゴと 200 円の桃をそれぞれいくつ買ったのでしょう？」という問題の解き方を小学生に説明するのはなかなか難しいですよね。しかし、リンゴの個数を $x$、桃の個数を $y$ と置いて連立方程式を立てれば簡単に解くことができます。

　電子回路を勉強するときも同様で、数学を使えば簡単に理解できます。電流の流れや電圧の大きさなどは目に見えないため、頭でイメージするのには限界があります。電流と電圧のそれぞれを $I$ と $V$ と置き、数式で計算すると簡単に解くことができます。電子回路を深く学ぼうとすると、「行列」や「微分・積分」、「数列」、「ベクトル」などの高校で学ぶ数学のほとんどを使わなければなりません。ただし、ほとんどの場合が単純な計算です。数学は便利なツールだという意識を持って電子回路を学びましょう。

第 **3** 章

# 「簡単!」
# 回路素子の基本

電子回路を学習するときは、さまざまな回路素子が登場します。素子の動作や特徴、回路図記号などを知らないと回路の動作を理解することはできません。特に電子回路では、半導体を使った素子の構造を知らないと理解できないことが多々あります。本章では、抵抗やコンデンサなどの電気回路でよく使われる素子から半導体素子やセンサまで説明します。

# 3-1 電子回路を作るための部品

## ●電子回路を作るための部品

電子回路には、増幅や演算などのさまざまな動作があります。これらの動作を実現するためには、電圧や電流を上手に操作するために電池や抵抗などのさまざまな部品を使います。電子回路ではこれらの部品のことを**回路素子**といいます。

## ●いろいろな回路素子

電子回路ではいろんな機能を実現するために、さまざまな素子が使われます。本章では、表3-1-1に示す回路素子について紹介します。ただし、電子回路で扱う素子の種類はとても多いため、本書では基本的な電子回路でよく使われる素子に絞っています。表3-1-1に書いてある素子の名前と回路図記号は覚えておきましょう。

また、実物があると覚えやすいと思うので、実物の写真も付けています。もし、名前や回路図記号を忘れてしまったときはこの表を見て思い出しましょう。

## ●受動素子と能動素子

回路素子は**受動素子**と**能動素子**に分類することができます。受動素子は入力された信号をオームの法則に従って出力します。

一方、能動素子は電源からエネルギーを供給してもらい、入力信号を大きくしたり、変形したりすることができます。電子回路では受動素子と能動素子を上手に組み合わせて、さまざまな機能を実現することができます。

### 表 3-1-1 電子回路で使用する素子

| 素子名 | 回路記号 | 写真 | 素子分類 |
|---|---|---|---|
| 抵抗 | | | 受動 |
| コンデンサ | | | 受動 |
| コイル | | | 受動 |
| ダイオード | | | 能動 |
| バイポーラトランジスタ | npn形　pnp形 | | 能動 |
| FET | n形　p形 | | 能動 |
| オペアンプ | | | 能動 |
| LED | | | 能動 |
| 光センサ（フォトダイオード） | | | 能動 |

3・「簡単！」回路素子の基本

# 3-2 抵抗の働きとしくみ

## ●働き

抵抗は電子の流れを妨げる素子として、電流の制御に使われます。抵抗値によって流れる電流が決まり、複数の抵抗を並列につなげば電流を**分流**できます。また、抵抗に電流が流れると電圧降下が発生します。電圧降下の大きさは抵抗値に比例するため、複数の抵抗を直列につなげば電圧を**分圧**できます（図 3-2-1）。

## ●しくみ

抵抗の中にはたくさんの金属原子があります。抵抗に電圧を掛けると電子が抵抗内部を流れます。このとき電子は金属原子とぶつかり、その移動を妨げられます。これが**電気抵抗**であり、この妨げが多いほど抵抗が大きいといえます。また、原子と電子がぶつかるときに熱が発生します。これが抵抗で消費される電力となります（図 3-2-2）。

## ●種類

抵抗には用途に応じてさまざまな形や大きさのものがあります（表 3-2-1）。電子工作などで手軽に扱えるのは**リード抵抗**と呼ばれるものです。中でも炭素皮膜抵抗は最も安価なためよく使われます。ただし、炭素皮膜抵抗は抵抗値に5％程度の誤差があるため、精度が求められる回路の場合はちょっと高価な金属皮膜抵抗が使われます。

他にも小型電子機器などでは**チップ抵抗**が使われます。とても小さいため、小面積で電子回路を作ることができます。ただし、はんだ付けが比較的難しいため、慣れないうちはリード抵抗を使いましょう。

### 図 3-2-1 抵抗の働き

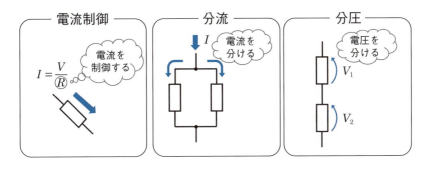

### 図 3-2-2 抵抗しくみ

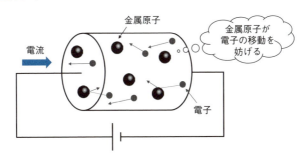

### 表 3-2-1 抵抗の種類

| 種類 | リード線抵抗 | チップ抵抗 | 巻線抵抗 | 可変抵抗 |
|---|---|---|---|---|
| 特徴 | 入手しやすく、はんだ付けしやすい。安価だが精度が低いものと、高価だが精度の高いものがある。 | とても小さく、小型電子機器に向いている。はんだ付けが難しいので、初心者には向かない。 | 大電力に耐えられる抵抗。大きな電流を流す回路などで使われる。ただし、大型で熱を発しやすいので、配置に注意が必要。 | 抵抗値を変えられる抵抗器。ボリュームなどに使われる。 |
| 写真 | | | | |

## ●飛び飛びの抵抗値

　市販の抵抗は、1 Ω、2.2 Ω、4.7 Ω…というように飛び飛びの値で売られています。なぜこのような中途半端な値で売られているのでしょうか？

　市販されている抵抗器の抵抗値はE系列というものでその値が決まっています。E系列にはE3系列、E6系列、E12系列、…、E$k$系列というものがあり、ちょっとややこしいですが、この抵抗値は次のように決まります。

> **E系列の抵抗値**
> $n$番目の抵抗値 $R_n$ ＝ 飛び飛びの度合い $10^{1/k}$ × 1つ前の抵抗値 $R_{n-1}$
> $k$の値が大きいほど抵抗値の間隔が小さくなる

　例えば、E3系列の場合は、$10^{1/k} ≈ 2.15$ となり、1.0、2.2、4.7、10、22、47、…という抵抗値を持ちます。E系列の値を表にまとめると（表3-2-2）のようになります。

## ●対数って扱いやすい？

　1、2、3、…というように順番に増えていけばわかりやすのですが、なぜこのような複雑な値にしてあるのでしょうか？　1つは抵抗値を対数的にとるためです。電子回路では数Ωから数MΩまでと幅広い値の抵抗を使います。そのため、1Ωから1MΩまですべての抵抗を用意しようとすると膨大な種類の抵抗が必要となってしまいます。そこで、抵抗値を1、2、…、9、10、20、…、90、100、200、…というように桁ごとに9個ずつ用意します。このようにすれば1Ωから1MΩまで55個の抵抗で用意することができます。

　ただし、このままでは対数的に見たときにまっすぐなグラフになりません。そこで、E系列の抵抗値（$R_n = 10^{1/k} × R_{n-1}$）の式に従って値を作ります。E6系列の場合、図3-2-3に示すように、縦軸を対数にすると、まっすぐなグラフになります。これで、幅広い抵抗値を作ることができます。

## ●抵抗の誤差

抵抗器の抵抗値には、ばらつきがあります。E12系列の場合は±10%のばらつきがあります。例えば、E6系列の1.0 Ωの抵抗器は0.8 Ωから1.2 Ωまでの範囲があります。他の抵抗値も同じように±20%のばらつきがあり、これを考慮すると、E系列の抵抗はすべての値をカバーしていることになります（図3-2-4）。

### 表 3-2-2　E系列の抵抗値

| E3  |     |     |     |     |     |
| --- | --- | --- | --- | --- | --- |
| 1.0 | 2.2 | 4.7 |     |     |     |
| E6  |     |     |     |     |     |
| 1.0 | 1.5 | 2.2 | 3.3 | 4.7 | 6.8 |
| E12 |     |     |     |     |     |
| 1.0 | 1.2 | 1.5 | 1.8 | 2.2 | 2.7 |
| 3.3 | 3.9 | 4.7 | 5.6 | 6.8 | 8.2 |

### 図 3-2-3　対数的に増加する抵抗値

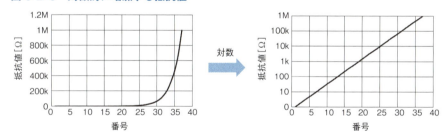

### 図 3-2-4　抵抗値がカバーする範囲

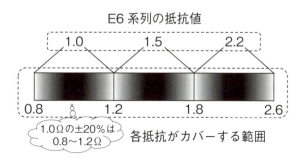

# 3-3 コンデンサの働きとしくみ

## ●働き

　**コンデンサ**は電気を蓄える素子です。コンデンサの両端に電圧を掛けると、その両端にプラスの電荷とマイナスの電荷（電子）が集まります。コンデンサに電荷が満タンになると電子の動きが止まり、電流が流れなくなります。

　そのため、コンデンサに直流電圧を掛けると、コンデンサが充電されるまでは電流が流れます。しかし、コンデンサが電荷で満タンになると電流が流れなくなります。

　一方、交流電圧を掛けると常に電圧が変化するため、コンデンサは満タンになることなく、電流が流れ続けます。このとき、周波数が高いほど電流が流れやすくなるため、周波数によって抵抗値が変わる素子とみなすことができます。このように周波数によって変わる抵抗のことを**インピーダンス**といいます。

## ●しくみ

　コンデンサは2つの金属の板を向かい合わせた構造になっています。それぞれの板に電池のプラスとマイナスを接続すると、プラス側に正の電荷、マイナス側に負の電荷が集まります（図3-3-1）。

> **コンデンサに蓄えられる電荷量**
> コンデンサの電荷量 $Q$ ＝静電容量 $C$ ×コンデンサの電圧 $V$
> コンデンサの容量と掛ける電圧で蓄えられる電荷量が決まる

　この式はコンデンサをバケツでイメージするとわかりやすいです。電荷量 $Q$ がバケツに入る水の量、静電容量 $C$ がバケツの底の面積、電圧 $V$ がバケツの高さに対応します（図3-3-2）。なお、静電容量の単位はF（ファラド）で、静電容量のことを**キャパシタンス**といいます。電子回路ではよく使う言葉なので覚えておきましょう。

**図 3-3-1　コンデンサのイメージ**

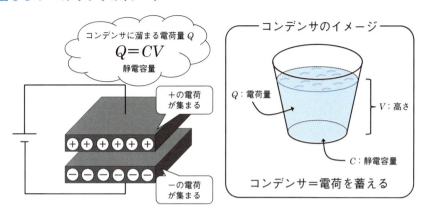

$S$は板の面積で、面積が大きいほど電荷を集められます。$d$は板の距離で、2つの板が離れるほど静電容量は減ります。正の電荷と負の電荷が互いに引き寄せられて集まりますが、距離が遠くなると引き寄せる力が弱くなります。$\varepsilon$は2つの板の間にある物質の**誘電率**と呼ばれるもので、電荷の蓄えやすさを表しています。誘電率は真空中の誘電率$\varepsilon_0$が基準となり、$\varepsilon_0 \approx 8.854 \times 10^{-12}$ F/mです。

市販のコンデンサには**誘電体**と呼ばれる材料が使われていて、その誘電率は$\varepsilon_0$の数倍から数万倍になり、たくさんの電荷を溜められるようになっています。この倍率のことを**比誘電率**($\varepsilon_s$)といいます(図3-3-2)。

図 3-3-2　コンデンサの静電容量

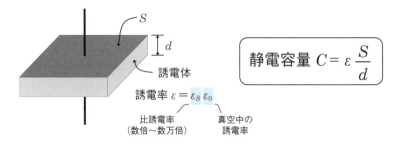

静電容量 $C = \varepsilon \dfrac{S}{d}$

誘電体
誘電率 $\varepsilon = \varepsilon_S \varepsilon_0$
比誘電率（数倍〜数万倍）
真空中の誘電率

## ●コンデンサのインピーダンス

コンデンサの電気の流れにくさ（インピーダンス）$Z_C$ は次式で表されます。

> **コンデンサのインピーダンス**
>
> コンデンサのインピーダンス $Z_C = \dfrac{1}{\text{周波数}(j2\pi f) \times \text{静電容量}\, C}$
>
> コンデンサのインピーダンスは周波数に反比例する

　周波数が高いほどコンデンサのインピーダンスは低くなるため、コンデンサは高周波信号を通しやすい素子といえます。
　また、「$j$」という文字が分母にありますが、$j$ は虚数を表していて、$j \times j = -1$ となります。数学では「$i$」で表しますが、電子回路では電流を意味しますので「$j$」と書きます。$j$ は位相を表していて、$j$ が分母にあるときは位相が $-90°$ ずれ、分子にあるときは $+90°$ ずれます。要するに「コンデンサなどの $j$ が付くインピーダンスがあると位相がずれる」ということです。

図 3-3-3　コンデンサの回路図記号

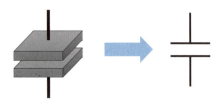

**図 3-3-4　コンデンサの抵抗値→インピーダンス**

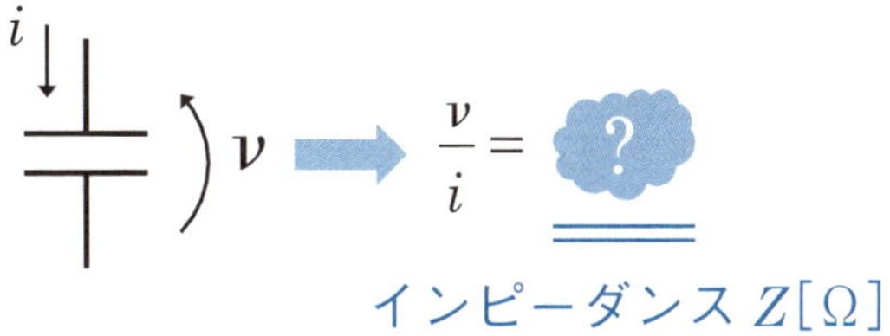

**図 3-3-5　コンデンサのインピーダンスと周波数の関係**

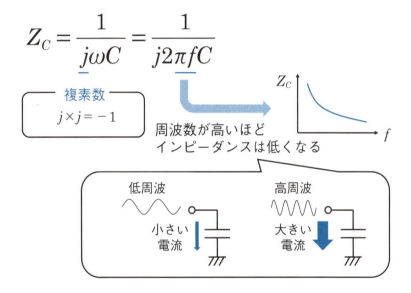

## ●種類

コンデンサには、以下の種類があります。それぞれ用途に応じて使い分けます。

- 電解コンデンサ
- セラミックコンデンサ
- フィルムコンデンサ
- 可変コンデンサ
- 電気二重層コンデンサ

電子回路でコンデンサを扱うときには、以下の項目に注意しましょう。

- 容量　　　（蓄えられる電荷量に関わる（バケツの底面積））
- 耐電圧　　（蓄えられる電荷量に関わる（バケツの高さ））
- 温度特性　（温度によって静電容量が変化する）
- 周波数特性（高周波になると寄生成分により、特性が変化する）

例えば、セラミックコンデンサは良好な周波数特性を持ちますが、あまり大きな容量を実現できません。大きな容量が必要なときは電解コンデンサを使います。ただし、プラスとマイナスの極性があるため、取扱いには注意が必要です。もっと大きな容量が必要なときは電気二重層コンデンサを使いますが、耐電圧が低いため、高い電圧が発生する回路には向いていません。このように、コンデンサにはそれぞれ特徴があるので、用途に応じて選びます（表3-3-1）。

表3-3-1　コンデンサの種類と特徴

| 種類 | 特徴 | 写真 |
| --- | --- | --- |
| 電解コンデンサ | 数μF～数千μFの容量を持ち、±20％程度のばらつきがある。極性を持つものもあり、取扱いには注意が必要。 | |
| セラミックコンデンサ | 数pF～数nFの容量を持つ。容量は小さいが、ばらつきの小さいものや耐電圧の高いものなどがある。 | |
| 電気二重層コンデンサ | 数F～数千Fの非常に大きな容量を持つが、耐電圧は数Vと小さい。 | |
| チップコンデンサ | チップ抵抗と同様の形をしており、小型電子機器で使われる。 | |

# 3-4 コイルの働きとしくみ

## ●働き

コイルは電流の変化を抑える素子です。コイルは導線でできているため、直流電圧を掛けると大きな電流が流れます。一方、電流の変化が起きる交流電圧の場合は、電流が流れにくくなります。そのため、周波数が高いほどコイルのインピーダンスは大きくなります。

## ●しくみ

導線に電流を流すと導線の周りに磁界 $H$ が発生します。このとき、電流が流れる向きに対して右回りで磁界が発生します（図3-4-1）。これを**右ねじの法則**といいます。コイルはこの導線をグルグルと巻いたものです。

コイルに電流を流すと、まっすぐな導線と同様に右ねじの向きに磁界が発生します。このとき、導線の巻いてある部分では磁界が重なり合ってより強力な磁界を発生させます。つまり、巻き数の多いコイルほど強い磁界を発生できます。また、視覚的にわかりやすくするために、磁界の強さと方向を線で表し、束にしたものを**磁束**といいます。

コイルに時間変化する電流 $I(t)$ を流すとそれを妨げる向きに電圧が発生します。この電圧を**誘導起電力**といい、誘導起電力 $V$ は次式で表されます。

**図 3-4-1　電流が流れると磁界が発生する**

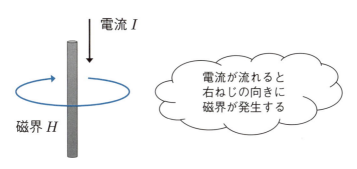

> **コイルの誘導起電力**
>
> 誘導起電力 $V$ = 比例定数 $(-L)$ × 電流の変化量 $\left(\dfrac{dI(t)}{dt}\right)$
>
> 電流の時間変化に逆らう向きに電圧が発生する

比例定数 $L$ は**インダクタンス**という値で単位は H（ヘンリー）です。右辺にマイナスが付いていますが、これが電流の変化を妨げていることを表しています。また、$L$ はコイルの形状などで変化し、導線の 1m あたりの巻き数の 2 乗に比例します。

### 図 3-4-2　導線をぐるぐる巻きにすると大きな磁界が発生

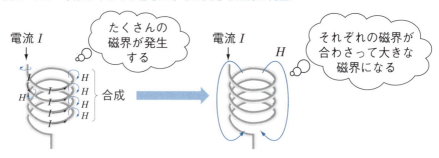

### 図 3-4-3　コイルに時間変化する電流を流すと誘導起電力が発生

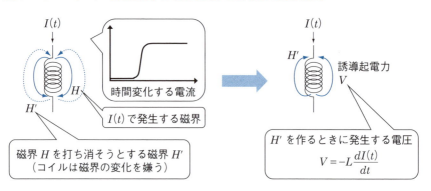

## ●コイルのインピーダンス

コイルのインピーダンス $Z_L$ はコンデンサのインピーダンスと逆の特性を持っていて、インダクタンス $L$ と周波数 $f$ に比例します。

> **コイルのインピーダンス**
> コイルのインピーダンス $Z_L$ ＝ 周波数 $(j2\pi f)$ × インダクタンス $L$
> コイルのインピーダンスは周波数に比例する

コイルはインダクタンスが大きいほど電流が流れにくく、周波数が高いほど電流が流れにくくなります。この特性は抵抗に似ていますが、どんなにインダクタンス $L$ が大きくても周波数が 0 の直流ではインピーダンスが 0 になってしまうため大きな電流が流れます（図 3-4-5）。

**図 3-4-4　コイルの回路図記号**

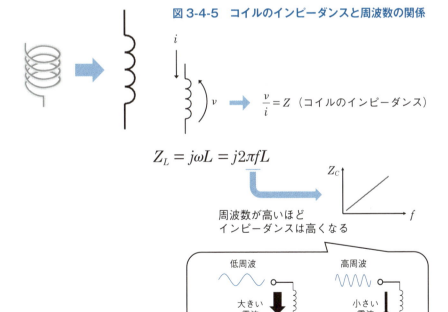

図 3-4-5　コイルのインピーダンスと周波数の関係

# 3-5 半導体の働きとしくみ

## ●働き

半導体は導体と絶縁体の間の導電率を持ちます。電子回路でよく使うトランジスタの材料はこの半導体です。ちょっとしたテクニックを使うことで、スイッチとして動作させたり電気を増幅させたりできます。

## ●しくみ

半導体はシリコン（Si）やゲルマニウム（Ge）などの第14族元素で構成されます。電子回路で使われる半導体の多くはシリコン（Si）で構成されています。他にも半導体の材料はあるのですが、本書ではシリコンに絞って説明していきます。

シリコンは、最外殻電子が4個の原子です。電子回路ではシリコンを結晶化したものを使います。シリコンが結晶になるとき、4つの最外殻電子が他のシリコン原子とくっつきます。最外殻電子が手となって、手と手をつないでいる様子です。シリコンは結晶化するとこのように手と手をつないで綺麗に整列します。このようにシリコンだけで形成された半導体を真性半導体といいます（図3-5-1）。

## ●n型半導体とp型半導体

真性半導体の電子は結合するための手として使われていて、自由に動ける電子が存在しないため、電気は流れにくいです。電気を通しやすくするためには、シリコンに不純物を加えてやります。不純物には2つあって、1つは最外殻電子がSiより1個多いリン（P）、もう1つは1個少ないホウ素（B）です。

シリコンに少量のリンを加えると、シリコン結晶の間にリン（P）が加わります。シリコンの手は4つですが、リンの手は5つで1つ余ります。この余った電子が自由に動けるため、リンを加えたシリコン結晶は電気を通しや

すい材質となります。このように電子が余った半導体では負の電荷である電子が移動するため、negativeのnを取って**n型半導体**と呼ばれます。

一方、シリコンに少量のホウ素を加えた場合、ホウ素の手は3つなので、手が足りない状態になります。この足りない部分を**ホール**といいます。電圧を掛けるとホールに電子が入り込み、元々その電子があった場所がホールとなります。これを繰り返すことでホールが移動していきます。このホールは電気的に正の電荷としてみなすことができ、このような半導体をpositiveのpを取って**p型半導体**といいます。また、n型半導体の電子やp型半導体のホール（正孔）を**キャリア**といいます（図3-5-2）。

### 図3-5-1　シリコン原子とシリコン結晶

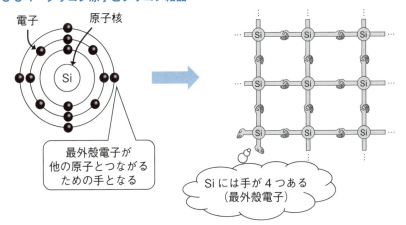

### 図3-5-2　n型半導体とp型半導体のキャリアの移動

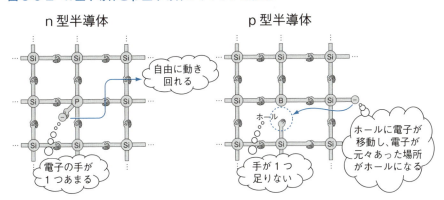

## 3-6 ダイオードの働きとしくみ

### ●働き

ダイオードは電圧を掛ける向きによって、電流が流れたり流れなかったりします。この特性を利用すれば、交流電圧のプラスだけを取り出す**整流**を実現できます。整流は交流電圧を直流電圧に変換するACアダプタなどで使われています。

ダイオードに電流が流れ始める電圧を**立上がり電圧**といいます。この立上がり電圧を超える電圧をダイオードに掛けると、一気に電流が流れます。そのため、抵抗などを直列につなぐと、ダイオードに掛かる電圧はほぼ一定になります（図3-6-1）。この特性を利用すれば、一定の電圧を供給する定電圧源として活用でき、電源回路などに使われています。

### ●しくみ

ダイオードはp型半導体とn型半導体をくっつけた構造をしています。これを**pn接合**といいます。p型半導体とn型半導体の境界面では、それぞれのキャリアであるホールと電子が結合し、キャリアがほとんど存在しない**空乏層**という領域を形成します。

### ●順方向バイアス

電流が流れる向きに電圧を掛けることを**順方向バイアス**といいます。バイアスというのは「偏り」という意味で、直流電圧（もしくは直流電流）を意味しています。

順方向バイアスの場合、電池のプラスをp型半導体に接続し、マイナスをn型半導体に接続します。n型半導体のキャリアは負の電荷を持つ電子です。順方向バイアスでは、電池のマイナス端子からn型半導体に常に電子を供給することができます。それらの電子はn型半導体とp型半導体の境界面まで移動し、p型半導体の正の電荷を持つホールと結合します。このと

き、p型半導体のホールは電池のプラス端子から常に供給されており、n型半導体の電子との結合を続けることができます。これが、順方向バイアスにおける電気の流れです（図3-6-2）。

### 図 3-6-1　ダイオードの整流作用と定電圧特性

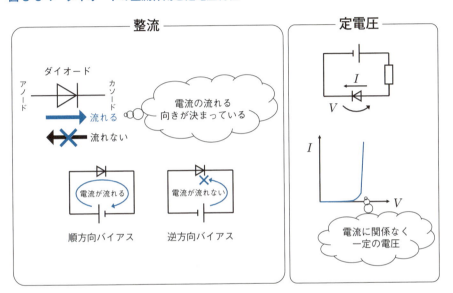

### 図 3-6-2　順方向バイアスにおけるキャリアの移動

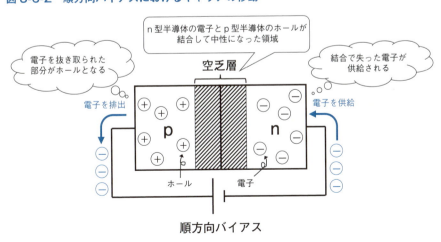

## ●逆方向バイアス

　逆方向バイアスの場合は、電池のプラスをn型半導体に接続し、マイナスをp型半導体に接続します。このとき、n型半導体の電子は電池のプラス側へ引き寄せられ、p型半導体のホールは電池のマイナス側へ引き寄せられます。このため、pn接合の空乏層が広がり、電流が流れにくくなります（図3-6-3）。

## ● I–V 特性

　ダイオードに掛ける電圧 $V$ とそのときに流れる電流 $I$ の関係をダイオードの **I–V 特性** といいます。順方向バイアスを正として考え、電圧を正方向に高くしていくと、ある電圧を超えてから指数関数的に電流が増加します。この電流が流れ始める電圧を**立上がり電圧**といいます。シリコンダイオードの立上がり電圧 $V_F$ は 0.6〜0.7 V 程度です（図3-6-4）。

　一方、電圧を負方向に高くしていくとほとんど電流は流れませんが、さらに逆方向バイアスを掛けると電子が大量に流れる現象が起きます。

## ●半波整流回路

　ダイオードの整流特性を利用した半波整流回路について説明します。図3-6-5のように交流電圧 $v_i$ にダイオードと抵抗を接続します。電圧が正のときダイオードに掛かる電圧は順方向バイアスとなり、ダイオードに電流が流れ、抵抗で電圧 $V_o$ が発生します。このとき、ダイオードには立上がり電圧 $V_F$ だけ電圧が消費されるため、

> 整流回路の出力電圧　$V_o = v_i - V_F$
> 　出力電圧 $V_o$ ＝入力電圧 $v_i$ －ダイオードの立ち上がり電圧 $V_F$
> 　整流回路の出力電圧は $V_F$ だけ下がる

という関係が成り立ちます。$v_i$ が負のときはダイオードに逆方向バイアスが掛かるため、回路に電流が流れず $V_o$ はほぼ 0 V となります。

　これを繰り返すことで、正の電圧だけを取り出すことができます。このような動作をする回路を**半波整流回路**といいます。

### 図 3-6-3　逆方向バイアスにおけるキャリアの移動

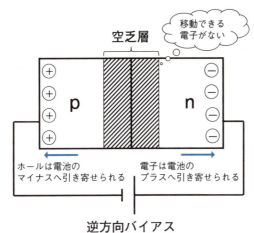

### 図 3-6-4　ダイオードの電流－電圧特性

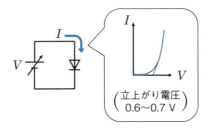

### 図 3-6-5　半波整流回路

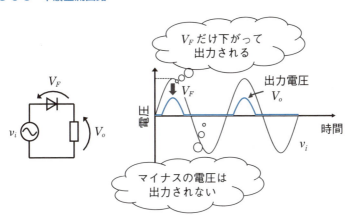

# 3-7 バイポーラトランジスタの働きとしくみ

## ●働き

バイポーラトランジスタは半導体素子のひとつで、小さな電流を大きな電流にすることができます。このため、小さな信号を増幅する回路に使われます。また、電流を流したり止めたりすることもできるので、デジタル回路などではスイッチとして使われています。

## ●しくみ

n型半導体でp型半導体を挟んだ構造の素子を **npn型トランジスタ**、p型半導体でn型半導体を挟んだ構造の素子を **pnp型トランジスタ**といいます。バイポーラトランジスタには3つの端子があり、それぞれベース、エミッタ、コレクタという名前が付いています。

バイポーラトランジスタのベース-エミッタ間に電圧を掛けると、pn接合に順方向バイアスが掛かり、ベース電流が流れます。このとき、コレクタ-エミッタ間にも電圧が掛かっていると、ベースに引き寄せられたエミッタの電子が空乏層を突き抜けて、ほとんどがコレクタへ飛んでいきます。この電流を**コレクタ電流**といいます。バイポーラトランジスタは、小さなベース電流で大きなコレクタ電流を制御する**電流制御電流源**として動作します。

## ●静特性

**静特性**とは、直流の電圧・電流を入力した場合にどのような出力電圧・電流になるのかを表したものです。バイポーラトランジスタには、以下の3つの静特性があります。

$I_B$-$V_{BE}$特性:ベース-エミッタ間電圧 $V_{BE}$ とベース電流 $I_B$ の関係

$I_C$-$V_{CE}$特性:コレクタ-エミッタ間電圧 $V_{BE}$ とコレクタ電流 $I_C$ の関係

$I_C$-$I_B$特性:ベース電流 $I_B$ とコレクタ電流 $I_C$ の関係

### 図 3-7-1 トランジスタの増幅作用とスイッチング作用

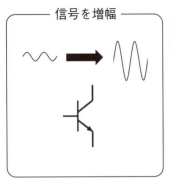
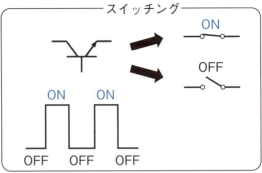

### 図 3-7-2 バイポーラトランジスタの分類

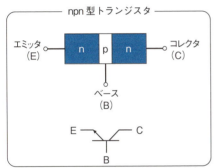
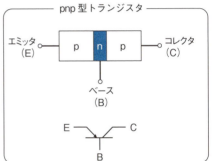

### 図 3-7-3 バイポーラトランジスタの静特性

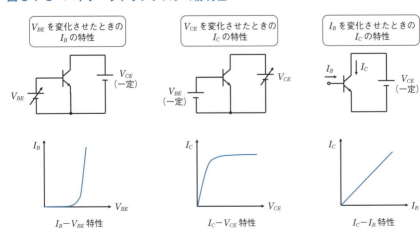

## ●市販のバイポーラトランジスタの型番

　市販のバイポーラトランジスタには、2SC1815のようにアルファベットと数字の型番が付いています。この型番は表3-7-1のように、接合型と用途によって型番が決まっています。

**表 3-7-1　バイポーラトランジスタの種類と型番**

| 接合型 | 用途 | 型番 |
| --- | --- | --- |
| PNP型 | 高周波用 | 2SA |
| | 低周波用 | 2SB |
| NPN型 | 高周波用 | 2SC |
| | 低周波用 | 2SD |

## ●ダーリントントランジスタ

　バイポーラトランジスタ単体の電流増幅率 $h_{fe}$ は数十倍〜数百倍程度ですが、バイポーラトランジスタを2つ繋ぎ合わせることで数千倍の電流増幅率を持たせることができます。この接続を**ダーリントン接続**といいます。

　ダーリントントランジスタでは、1つのICにダーリントン接続したトランジスタを入れています。このため、ダーリントントランジスタを使えば、通常のトランジスタでは達成できないような増幅度を実現できます。

　ただし、ダーリントン接続には高い電圧が必要です（図3-7-6）。低電圧で動かしたい場合は、npn型とpnp型のトランジスタを組み合わせたインバーテッドダーリントンを使います。

#### 図 3-7-4　バイポーラトランジスタは電流制御電流源

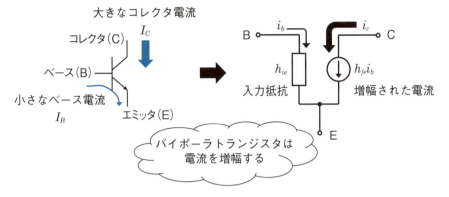

#### 図 3-7-5　ダーリントン接続で増幅度 UP

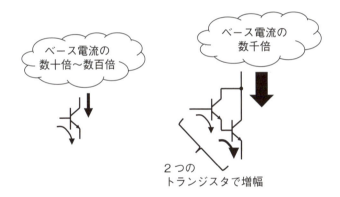

#### 図 3-7-6　ダーリントン接続には高い電圧が必要

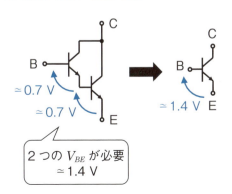

# 3-8 FETの働きとしくみ

### ●働き

　FET（field effect transistor）はバイポーラトランジスタと同じトランジスタの仲間で、電圧で電流を制御する素子です。バイポーラトランジスタと同様に信号の増幅に使ったり、スイッチとして使ったりします。バイポーラトランジスタは入力電流が必要です。FETの場合は入力にほとんど電流が流れないため、入力部での電力損失が少ないのが特徴です。

　また、構造が単純で微細化しやすいという特徴もあります。このため、集積回路（IC）や大規模集積回路（LSI）の多くはFETで構成されています。

### ●しくみ

　FETには接合型FET（J-FET）とMOS（metal-oxide semiconductor）型FET（MOS-FET）の2つがあります。どちらも電子回路で使われる素子ですが、現在の集積回路（IC）で使われているのはほとんどがMOS-FETですので、本書ではMOS-FETを主に説明します。

　MOS-FETにはnチャネル型MOSとpチャネル型MOSの2つがあります。nチャネル型MOSは、p型半導体上に2つの小さなn型半導体を形成します。この2つのn型半導体をそれぞれ**ソース**と**ドレイン**といいます。そして、ソース―ドレイン間の上部にゲートと呼ばれる導体を配置します。

　このゲートにプラスの電圧を掛けると、ゲート直下に電子が集まります。これを**チャネル**といいます。このチャネルが電子の通り道となり、ソース―ドレイン間に電圧を掛けると**ドレイン電流**と呼ばれる電流が流れます。

　バイポーラトランジスタの場合はベース電流でコレクタ電流を制御しますが、MOS-FETの場合はゲート電圧でドレイン電流を制御します。これはJ-FETでも同じです。

### 図 3-8-1　FET は電圧制御電流源

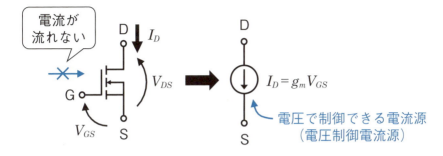

### 図 3-8-2　J-FET と MOS-FET

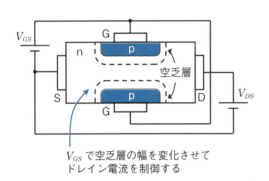
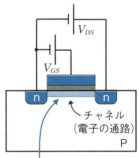

### 図 3-8-3　MOS-FET における電子の移動

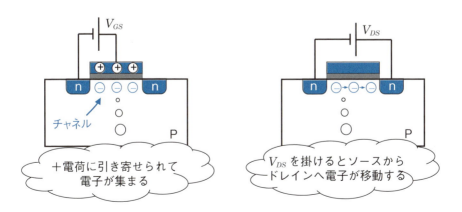

## ●静特性

FETには以下2つの静特性があります。$I_D$–$V_{GS}$特性は$V_{GS}$の2乗に比例することから**2乗則**と呼ばれています。

$I_D$–$V_{GS}$特性：ゲート—ソース間電圧$V_{GS}$とドレイン電流$I_D$の関係

$I_D$–$V_{DS}$特性：ドレイン—ソース間電圧$V_{DS}$とドレイン電流$I_D$の関係

## ●トランスコンダクタンスと出力抵抗

**MOS-FET**はゲート—ソース間電圧$V_{GS}$をドレイン電流$I_D$に変換する素子です。この電圧を電流に変化させる量を**トランスコンダクタンス**といいます。このトランスコンダクタンスを$g_m$とおけば、$i_d = g_m v_{gs}$という電流源でこの変換を表すことができます。

なお、トランスコンダクタンスは$I_D$–$V_{GS}$におけるドレイン電流の傾きです。この「コンダクタンス」というのは第2章で説明した「コンダクタンス$G$」と同様に「抵抗の逆数」ということを表しています。

MOS-FETの動作の基本は$V_{GS}$で調整できる電流源ですので、ドレイン—ソース間電圧$V_{DS}$には依存しません。つまり、ドレイン抵抗$r_{ds}$は無限大となり、理想の電流源として扱うことができます。しかし、実際にはドレイン抵抗は有限の値となります。

チャネル長変調効果はゲート長が短いほど顕著に表れ、最新の微細トランジスタほどドレイン抵抗は小さくなります。

MOS-FETは出力抵抗が$r_{ds}$の電流源$g_m v_{gs}$と見なすことができます。よって、図3-8-5のように電流源と抵抗を並列接続したものが小信号等価回路となります。

## ●市販のFET

市販のFETは、J-FET、MOS-FETともに
- 2SJ：Pチャネル型
- 2SK：Nチャネル型

という型番になります。J-FETとMOS-FETで特に区別はありません。

### 図 3-8-4 MOS-FET の静特性

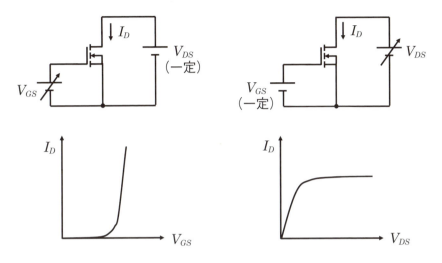

### 図 3-8-5 MOS-FET のトランスコンダクタンスと出力抵抗

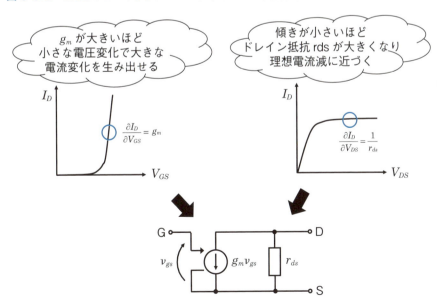

# 3-9 オペアンプの働きとしくみ

## ●働き

オペアンプはいろいろな計算ができる回路で、**演算増幅器**とも呼ばれています。基本的には2つの信号の差を増幅する回路です。抵抗やコンデンサを接続すると、四則演算や微分・積分などの計算ができます。これらの計算については、第4章で詳しく説明します。

また、非常に高い増幅度を持っており、非常に小さい信号を増幅することもできます。

## ●しくみ

オペアンプはたくさんのトランジスタで構成されています。回路図上では、これらたくさんのトランジスタをまとめて三角形で表します。オペアンプは2つの入力（$V_1$と$V_2$）の差を増幅する回路であり、増幅度を$A$倍とすると、出力電圧$V_o$は次式で表されます。

> オペアンプの入出力関係
> 出力電圧 $V_o$ ＝増幅度$A$×入力電圧の差（$V_1 - V_2$）
> オペアンプは入力電圧の差を増幅する

市販のオペアンプであれば数万倍以上の大きな増幅度$A$を持ちます。このような大きな増幅度を持たせるために、
- 差動増幅段
- 電圧増幅段
- 電力増幅段
- 定電流源

という回路ブロックでオペアンプは構成されています。**差動増幅段**ではペアになっている2つのトランジスタで、入力電圧（$V_1$, $V_2$）の差を増幅します。これだけでは増幅度が小さいので、電圧増幅段でさらに電圧を増幅させます。

**電圧増幅段**では、差動増幅段から出力される電圧・電流を電圧増幅段のトランジスタで大きな電流に変換し、それを抵抗などで電圧に変換します。これで電圧を大きくできますが、電圧増幅段はあまり大きな電流を流すことができません。そこで、**電力増幅段**を使います。電力増幅段では電圧を維持、もしくは増幅しながら電流を増幅することができます。これにより、スピーカーなどの大きな電流が必要なものにも対応できます。

### 図 3-9-1　オペアンプの機能と中身

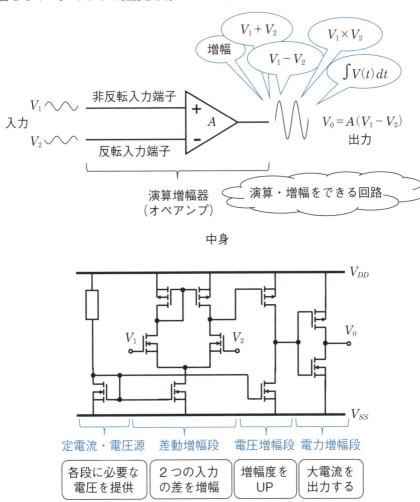

## ●理想的なオペアンプ

オペアンプは2つの入力電圧の差を大きく増幅できるほど高性能で、理想的なオペアンプの増幅度 $A$ は無限大です（図3-9-2）。

また、回路には**入力インピーダンス**と**出力インピーダンス**というものがあります。図3-9-3のように接続するとき、前段の回路の出力 $V_o'$ が $Z_o$ と $Z_L$ で分圧されます。このとき、$Z_L$ が $Z_o$ よりも十分高ければ前段回路の出力電圧 $V_o'$ をすべて後段に入力することができます。つまり、理想的には入力インピーダンスは無限大、出力インピーダンスは0となります。

## ●バーチャルショート

オペアンプの演算機能を理解するためには、**バーチャルショート**というものを知っておく必要があります。

理想的なオペアンプは2つの入力の差を∞倍して出力しますが、$V_1$ と $V_2$ に差があると出力が常に無限大になってしまいます。実際の出力は有限の値ですので、$V_1$ と $V_2$ の差は0でなければなりません。つまり、$V_1$ と $V_2$ が短絡されたようになります。ただし、入力インピーダンスは無限大ですので、電流は流れません。このように、2つの端子が離れていても同じ電位になる状態を**バーチャルショート**といいます（図3-9-4）。

**図3-9-2　理想的なオペアンプ**

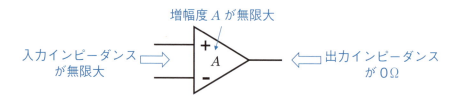

### 図 3-9-3　オペアンプの出力インピーダンスと出力電圧の関係

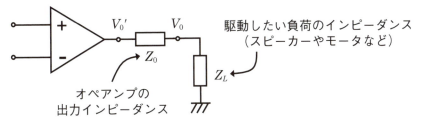

$$V_0 = \frac{Z_L}{Z_0 + Z_L} V_0'$$

$Z_0 \ll Z_L$ であれば $V_0 \approx V_0'$ となり負荷に効率よく電圧を伝えられる

### 図 3-9-4　A→∞のときはバーチャルショート

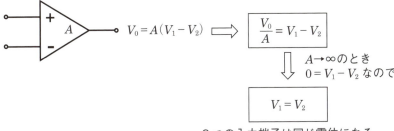

２つの入力端子は同じ電位になる

バーチャルショート

## 3-10 LEDの働きとしくみ

### ●働き

　LED（light emitting diode）は身近なものになったので、ご存知の方も多いかと思います。**LED**は別名、**発光ダイオード**と呼ばれ、電流が流れると発光する素子です。材料によって発光色が異なり、それらを組み合わせるとさまざまな色を作り出すことができます。最近では、多くの信号機がLEDになりました。また、駅や空港の掲示板にもLEDが使われるようになり、見やすくなりました。他にもテレビのバックライトに使われるようになり、照明器具もLEDに置き換わり始めています。

### ●しくみ

　LEDの構造はダイオードと同じpn接合となっています。pn接合に順方向バイアスを掛けると、接合面で電子とホールが結合して電流が流れるということを3-6節で説明しました。電子とホールが結合するとき、エネルギーが放出されます。このエネルギーは半導体の材料によって異なり、LEDでは、ちょうど人の目に見える光（可視光線）のエネルギーを放出する材料を使います。現在では、青や赤、黄色などさまざまな色を作り出すことができます。

### ●種類

　電子工作でよく使われるのが**砲弾型LED**です。安価で入手しやすく、光を拡散することもできるので、視野角を広くしたいときなどに使われます。また、7セグメントLEDも数字を表すときによく使われます。
　他にも電灯や自動車のライトなど明るさが必要なところにはパワーLEDが使われます。

### 図 3-10-1　発光ダイオード

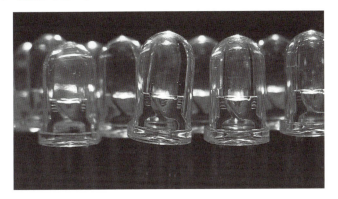

### 図 3-10-2　LED の動作原理

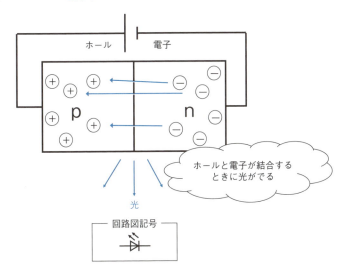

### 図 3-10-3　さまざまな LED

# 3-11 センサの働きとしくみ

## ●働き

　電子回路とセンサを組み合わせれば、色々なことができるようになります。自動車を運転しているとき、トンネルなど周りが暗くなるときにライトを点灯しなければなりませんが、光センサがあれば暗くなったら自動でライトを点灯してくれます。

　温度センサを使えば、お風呂の温度を自動調整してお湯を張れます。スマートフォンなどでは指で触った箇所がわかるタッチセンサなどが使われています。このように、センサは自然界のエネルギーを電気エネルギーに変換して電子回路へ伝えることができ、電子回路でできることを大幅に増やしてくれます（図 3-11-1）。

## ●しくみ

　センサにはいろんな種類があるので、ここでは光センサと加速度センサについて説明します。

　**光センサ**には、**フォトダイオード**と CdS センサがあります。フォトダイオードは LED とは逆に、光エネルギーから電気を生み出すことができ、光の強さに応じて流れる電子の量が決まります。CdS センサは、光が当たると抵抗値が変化する素子で、強い光が当たると抵抗値が下がり、電流が流れやすくなります。

　**加速度センサ**は加速時に物体にかかる力を利用して加速度を検出します。例えば、固定された金属と固定されていない金属を近接させると、加速させたときに 2 つの金属の距離が変化し、容量値が変わります。この変化を検出することで、加速度を求めることができます（図 3-11-2）。

表 3-11-1　人間の五感の役割を担うセンサ

| 器官 | 目 | 耳 | 皮膚 | 鼻 | 口 |
|---|---|---|---|---|---|
| 感覚 | 視覚 | 聴覚 | 触覚 | 嗅覚 | 味覚 |
| センサ | 光センサ | 音センサ（マイク） | 圧力センサ 温度センサ | においセンサ | 味覚センサ |

図 3-11-1　センサの役割

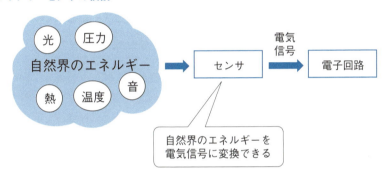

図 3-11-2　加速度センサの原理と応用例

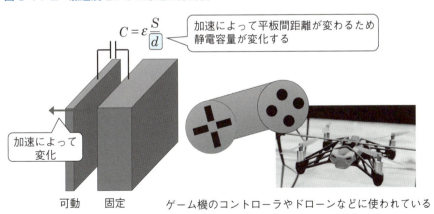

## ❗ トレードオフ

　私は自動車が好きで、小さなころからF1などの自動車レースを見てきました。レースの面白さのひとつは、同じ車両でもセッティングによって周回タイムが変わるところです。トップスピードを上げればコーナリングスピードが落ちます。グリップの強いタイヤにすればコーナリングスピードを上げることはできますが、ハイグリップタイヤは摩耗が激しく、ピットインの回数が増え、総合タイムは落ちてしまいます。このように、ある特性を良くすると別の特性が悪くなってしまう関係を**トレードオフの関係**といいます。

　電子回路にもトレードオフの関係がたくさんあります。増幅度を上げればスピードが落ち、スピードを上げれば消費電力が増加します。回路を設計するときは必要以上に性能を上げてはいけません。他の特性とバランスをとりながら、回路設計します。これが電子回路の難しいところでもあり、面白いところでもあります。

　まずは回路の長所短所を理解しましょう。回路の特徴が理解できれば、目的にあった回路を設計できるようになります。

# 「簡単!」
# 電子回路の基本動作

　電子回路には様々な回路があります。そのすべての回路動作を覚えることは難しいです。そのため、回路設計者は初めて見る回路であっても、その回路構成から回路の動作を理解できます。そのためには、電子回路において基本となる回路の動作を知っておく必要があります。本章では、トランジスタを使った基本的な回路と、その動作や解析手法を理解しましょう。また、デジタル回路やプログラミングを使った電子回路についても基本をしっかり理解しましょう。

# 4-1 電子回路の基本構成

## ●電子回路の基本構成

電子回路の製作では、実現したい機能によって様々な回路を組み合わせて作ります。そのため、回路設計者は膨大な量の回路を知っていなければなりませんが、これを覚えるのはとても大変です。次の3つが基本動作となるので覚えておきましょう（図 4-1-1）。

- ●信号の増幅（小さな電圧・電流を大きくする）＜アナログ＞
- ●信号の加工（波形の変形や、周波数の選択をする）＜アナログ＞
- ●信号の演算（信号を足したり掛けたりする）＜アナログ＆デジタル＞

本章ではこれらを実現する基本的な回路を紹介し、動作原理と解析手法を説明します。本章で基本を学び、第5章の応用回路で学んだ知識を活用しましょう。

## ●アナログ回路とデジタル回路とプログラミング

電子回路には「アナログ回路」と「デジタル回路」があります。信号の増幅と加工はアナログ回路で実現でき、信号の演算はアナログ回路またはデジタル回路で実現できます。

**アナログ回路**では正弦波のように連続した信号を扱い、**デジタル回路**では0や1のような離散的な値を扱います（図 4-1-2）。デジタル回路の方が、動作が単純で扱いやすく、雑音にも強いため、多くの回路がデジタル化されています。しかし、光や音などの自然界のエネルギーはアナログ信号なので、多くの電子回路にはアナログ回路が必要です。本章では、アナログの信号増幅・加工・演算とデジタル演算の基本について説明します。

また、「プログラミング」によって電子回路を高機能にすることができます。**プログラミング**とは、コンピュータに動作を命令するプログラムを作って、コンピュータを動かすことです。本章の最後にプログラミングと電子回路を組み合わせてについて紹介します。

### 図 4-1-1　電子回路の基本動作

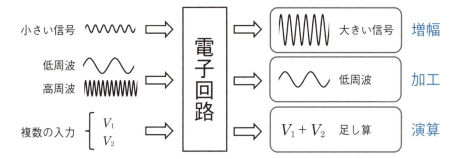

### 図 4-1-2　アナログ回路とデジタル回路

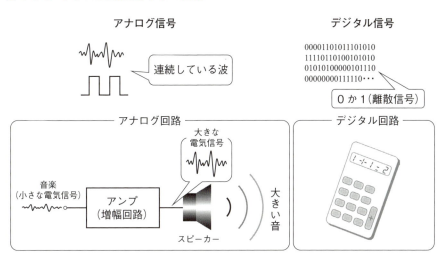

# 接地回路

## ●接地回路とは

電源($V_{CC}$、$V_{DD}$)やGNDなどの直流電位への接続を**接地**といいます。トランジスタを使った回路では、接地する端子によって特性が大きく異なります。バイポーラトランジスタを用いた接地回路には、次の3つがあります。

- エミッタ接地回路
- コレクタ接地回路
- ベース接地回路

また、FETには、次の3つがあります。

- ソース接地回路
- ドレイン接地回路
- ゲート接地回路

トランジスタを使った回路はすべてこれらの接地回路の組み合わせです(表4-2-1)。これらの回路が基本ですので、しっかり押さえておきましょう。

## ●特徴

各接地回路の特徴を表4-2-2に示します。それぞれ特徴が異なるので、この表で確認しておきましょう。

エミッタ接地とソース接地は高い電圧増幅度を持っています。このため、小さい電圧信号の増幅などに使われます。

コレクタ接地とドレイン接地は出力抵抗が低いため、他の回路との接続が容易で、回路の出力段としてよく利用されます。出力抵抗と回路の接続の関係については4-7節(重い負荷を駆動する)で詳しく説明します。

ベース接地とゲート接地は増幅度が高いのですが、入力抵抗が低いため増幅回路としては使いにくいです。そのため、エミッタ接地やソース接地の増幅度を上げるために使われます。

表 4-2-1　接地回路の名前と回路図

| エミッタ接地回路 | コレクタ接地回路<br>（エミッタフォロワ） | ベース接地回路 |
|---|---|---|
| （エミッタを接地） | （コレクタを接地） | （ベースを接地） |

| ソース接地回路 | ドレイン接地回路<br>（ソースフォロワ） | ゲート接地回路 |
|---|---|---|
| （ソースを接地） | （ドレインを接地） | （ゲートを接地） |

表 4-2-2　接地回路の特徴

|  | 電圧増幅度 | 電流増幅度 | 入力抵抗 | 出力抵抗 |
|---|---|---|---|---|
| エミッタ接地 | 高 | 高 | 中 | 高 |
| コレクタ接地 | 低（約1倍） | 高 | 中 | 低 |
| ベース接地 | 高 | 低（約1倍） | 低 | 高 |
| ソース接地 | 高 | — | 高 | 高 |
| ドレイン接地 | 低（約1倍） | — | 高 | 低 |
| ゲート接地 | 高 | 低（約1倍） | 低 | 高 |

## 電圧を増幅する

### ●電圧増幅

　小さな電圧を大きな電圧にすることを**電圧増幅**といいます（図 4-3-1）。また、増幅された大きさのことを**電圧増幅度**といい、次式で定義されます。

> 電圧増幅度
>
> $$\text{電圧増幅度} = \frac{\text{出力電圧}}{\text{入力電圧}}$$
>
> 入力電圧に対して出力電圧がどれだけ大きくなるのかを表す

### ●電圧を増幅する回路

　代表的な電圧増幅回路は**エミッタ接地回路**と**ソース接地回路**です。これらの回路は入力された電圧を数十倍から数百倍にすることができます（図 4-3-2）。

　さらに大きな電圧増幅度が必要なときは、電圧増幅回路をもう一段接続します。例えば、電圧増幅度が 10 倍のエミッタ接地回路を 2 段にすると、

　　　10 倍 × 10 倍 = 100 倍

の電圧増幅回路になります。ただし、あまり多段にしすぎると回路が不安定になり、発振してしまいます。

　他にも、トランジスタの上にトランジスタを接続しても増幅度を上げる方法もあります。このようにトランジスタを縦に接続する方法を**カスコード接続**といいます。カスコード接続にはベース接地やゲート接地が使われます。カスコード接続を使ったエミッタ接地回路やソース接地回路は数百倍〜数千倍の増幅度を持つことができます（図 4-3-3）。また、カスコードの上にカスコード接続をした 3 重カスコードや 4 重カスコードなどを使えば、さらに高い電圧増幅度を実現できます。ただし、カスコード接続した分だけ電圧を消費するため、電源電圧が低い回路では電圧の出力範囲が制限されるデメリットがあります。

### 図 4-3-1　電圧増幅

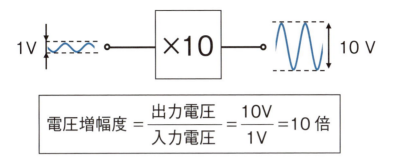

### 図 4-3-2　代表的な電圧増幅回路

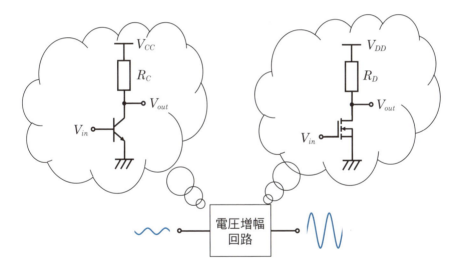

### 図 4-3-3　増幅度の上げ方

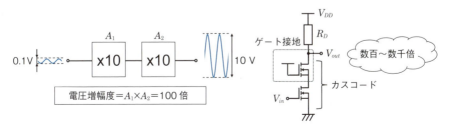

# 4-4 電流を増幅する

## ●電流増幅とは

　人が通ったり、周囲が暗くなったりしたら点灯する照明器具を目にすることがよくあります。このような照明器具に取り付けられる回路には、光を検知するセンサが付いています。**光センサ**は光を受けると微弱な電流を発生させます。ただし、この微弱な電流だけでは照明器具を光らせることはできません。そこで、電流増幅回路を使い、小さな電流を大きな電流に増幅します（図4-4-1）。電流増幅度は電圧増幅度と同様に次式で表されます。

> 電流増幅度
> 
> $$電流増幅度 = \frac{出力電流}{入力電流}$$
> 
> 入力電流に対して出力電流がどれだけ大きくなるのかを表す

## ●電流を増幅する回路

　代表的な電流増幅回路は**コレクタ接地回路**です。バイポーラトランジスタのベースに入力された電流は数十倍～数百倍に増幅されてコレクタに流れます。エミッタ接地回路でも同様の動作をしますが、出力抵抗が大きすぎるため、後段の回路に電流を供給することが難しくなります。これについては4-6節（重い負荷を駆動する）で詳しく説明します。そのため、出力抵抗の小さいコレクタ接地回路の方が電流増幅に向いています（図4-4-2）。

　さらに大きな電流増幅度を得るためには、3-7節で紹介したダーリントン接続を使います。ダーリントン接続を使えば数百倍～数千倍の電流増幅度を得られます（図4-4-3）。

　FETのゲートには電流が流れないため、ドレイン接地で電流増幅することは難しいです。FETで電流増幅する場合は、一旦電圧に変換して電圧増幅してからもう一度電流に戻します。

### 図 4-4-1　電流増幅回路の応用例

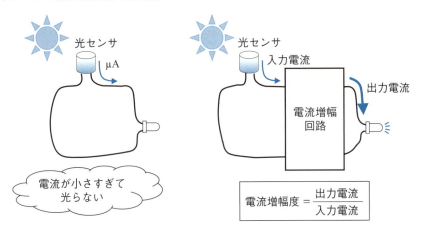

### 図 4-4-2　コレクタ接地による電流増幅

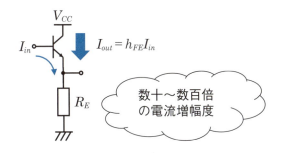

### 図 4-4-3　大きな電流増幅度はダーリントン接続で

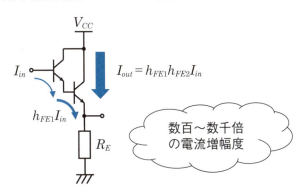

## 4-5 オペアンプで電圧を増幅させる

### ●オペアンプを使った電圧増幅

　エミッタ接地回路やソース接地回路だけではあまり高い増幅度を実現できません。また、抵抗値や電源電圧変動によって、その増幅度が不安定になります。そのため、何万倍も増幅したり、精度よく増幅したりすることは不得意です。

　このようなときには、オペアンプを使います。第3章で説明したように、オペアンプの中にはたくさんのトランジスタが入っていて、数万倍以上かつ安定した増幅を実現できます。

### ●非反転増幅回路

　**非反転増幅回路**は、出力電圧が入力電圧に対して反転せずに同相となる回路です。非反転増幅回路では、オペアンプの非反転入力端子に電圧 $V_{in}$ を入力します。このときの出力電圧 $V_{out}$ を2つの抵抗 $R_1$ と $R_2$ で分圧して、オペアンプの反転入力端子に帰還させます。

　非反転増幅回路の増幅度 $V_{out}/V_{in}$ は2つの抵抗比で決まります。

> **非反転増幅回路の増幅度**
>
> 増幅度 $A_v = 1 + 抵抗比 \left( \dfrac{R_2}{R_1} \right)$
>
> 非反転増幅回路の増幅度は帰還抵抗の比に1を加えた大きさ

　この式から非反転増幅回路の増幅度が帰還抵抗の比で決まることがわかります。オペアンプを使えば、外部に付ける抵抗値で簡単に増幅度を調整できます。また、可変抵抗を使えば増幅度を後から変更することもできます。

**図 4-5-1　安定した増幅が得意なオペアンプ**

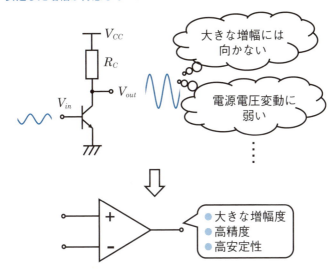

**図 4-5-2　非反転増幅回路**

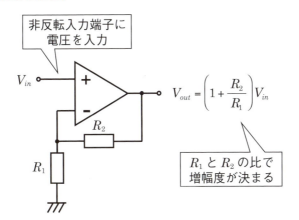

## ●反転増幅回路

　反転増幅回路の場合は、入力電圧に対して出力電圧が反転し、逆相となる回路です。反転増幅回路では、オペアンプの反転入力端子に電圧 $V_{in}$ を入力します。非反転増幅回路と同様に出力電圧 $V_{out}$ を2つの抵抗 $R_1$ と $R_2$ で分圧し、オペアンプの非反転入力端子に帰還させます。

反転増幅回路の増幅度 $V_{out}/V_{in}$ は2つの抵抗比で決まります。

> **反転増幅回路の増幅度**
>
> 増幅度 $A_v = -$ 抵抗比 $\left( \dfrac{R_2}{R_1} \right)$
>
> 反転増幅回路の増幅度はマイナスで、帰還抵抗の比で決まる

この式から反転増幅回路の増幅度が帰還抵抗の比で決まり、マイナスが付いていることから出力電圧が入力電圧に対して反転することがわかります。

**図 4-5-3　反転増幅回路**

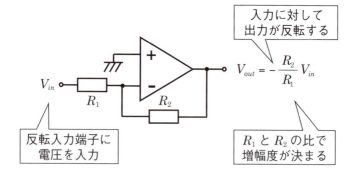

## 4-6 負帰還回路

### ●負帰還とは

　オペアンプは電源から供給されるエネルギーによって電圧を増幅しています。そのため、電源電圧を超える電圧を出力することはできません。オペアンプは数万倍以上の増幅度で電圧を増幅するため、どんなに小さな電圧を入力しても、出力電圧はすぐに電源電圧に到達してしまいます。これでは、とても扱いにくい増幅回路となってしまいます。

　そこで、負帰還というテクニックを使います。**帰還**とは、出力の一部を入力に戻すことを意味します。負帰還の場合は、オペアンプの出力電圧の一部を反転入力端子に戻します。反転入力端子に電圧を入れると、出力が抑えられます。

　出力電圧を抑制する量は出力電圧を帰還させる量（**帰還率**）で決まります。帰還率の決め方はいろいろありますが、例えば、4-5節で紹介した非反転増幅回路や反転増幅回路のように抵抗の分圧で決めることができます。出力電圧を2つの抵抗で分圧して、その分圧した電圧を反転入力端子に戻せば抵抗比で帰還量を決まります。

### ●負帰還のメリット

　帰還をかけると増幅度が低下しますが、低下した分だけ他の特性が改善されます。例えば、周波数特性です。オペアンプの増幅度は周波数が高くなるほど低下します。オペアンプの増幅度を維持できる周波数を**遮断周波数**といい、帰還をかけると遮断周波数が$AH$倍だけ高くなります。$A$がオペアンプの増幅度で$H$が帰還率ですので、たくさん帰還するほど周波数特性が改善されることがわかります。

　他にも雑音特性や歪み、増幅度の安定性などが$AH$倍だけ改善されます。このように多くのメリットがあるため、ほとんどの回路で負帰還回路が使われています。

### 図 4-6-1　オペアンプの出力は電源を超えられない

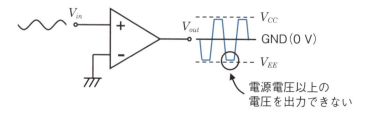

### 図 4-6-2　負帰還回路

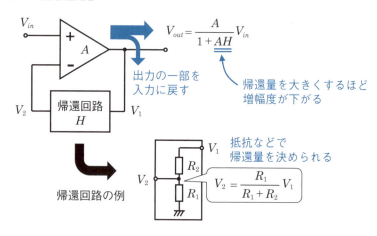

### 図 4-6-3　負帰還回路のメリット

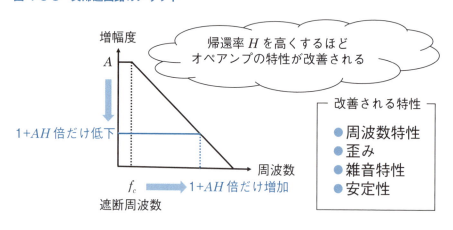

# 4-7 重い負荷を駆動する

## ●負荷を駆動する

　増幅回路などの電子回路で動作させるものを**負荷**といいます。例えば、スピーカーやLEDなどが負荷です。負荷に電流を流して動作させることを**負荷を駆動する**といいます。スピーカーのようにインピーダンスが低く（数Ω程度）、大きな電流が必要です。このように大電流が必要な負荷を**重い負荷**（**重負荷**）といいます（図4-7-1）。このような重い負荷を駆動するには、大電流を流せる回路が必要です。

**図 4-7-1　重い負荷と軽い負荷**

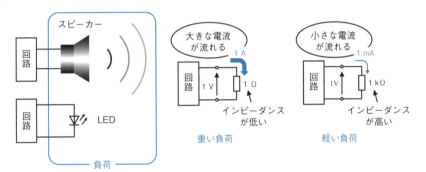

## ●回路の出力インピーダンスと負荷インピーダンスの関係

　回路の出力インピーダンスを$Z_{out}$、負荷のインピーダンスを$Z_L$とすると、負荷に掛かる電圧$V_l$は次式で表されます。

> **負荷に掛かる電圧**
> 　負荷電圧 $V_l$ = 回路と負荷のインピーダンスによる分圧
> $$\left( \frac{Z_L}{Z_{out}+Z_L} V_{out} \right)$$
> 　負荷に掛けられる電圧は回路と負荷のインピーダンスで分圧される

重い負荷において $Z_L$ はとても小さいため、回路の出力インピーダンス $Z_{out}$ が大きすぎると、負荷にほとんど電圧を供給することができません（図 4-7-2）。そのため、大きな負荷を駆動するときには、出力インピーダンスが小さい回路を接続します。このような回路のことを**バッファ回路**といいます。

**図 4-7-2　負荷に供給できる電圧の大きさ**

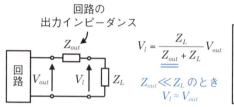

### ●バッファ回路

バッファ回路には、A 級バッファ、B 級バッファ、AB 級バッファなど様々な種類があります。この○級というのは回路構成ではなく、動作の違いを表しています。

A 級バッファの場合、常に入力に比例した電流を出力することができますが、入力電圧が 0 V のときにも電流が流れてしまい、消費電力が大きくなります。B 級バッファの場合、入力が 0 V 付近になると出力電流が流れなくなり、低消費電力ですが、入力に対して出力が曲がってしまいます。AB 級バッファは A 級バッファと B 級バッファの中間で、出力が入力に対して曲がりにくく、消費電力を抑えられるという特長を持っています（図 4-7-3）。

**図 4-7-3　バッファの役割**

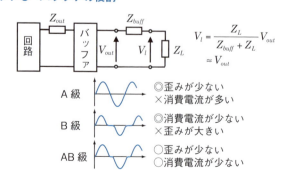

## 一定の電流を流す

### ●電子回路に欠かせない定電流源

　トランジスタやダイオードなどの半導体の特性は電流の大きさによって変化します。例えば、LED は流れる電流の大きさによってその明るさが変わります。そのため、回路設計するときは、トランジスタに流す電流の大きさに合わせて各端子の電圧などを決めていきます。

　また、オペアンプなどのアナログ回路にはたくさんの電流源が使われています。電気回路ではあまり電流源を使うことはないので馴染みがないかもしれませんが、実はトランジスタを使うと電流源を簡単に作ることができます。なぜなら、トランジスタ自体が電流源として動作するからです（図 4-8-1）。

**図 4-8-1　アナログ回路ではたくさんの電流源が使われる**

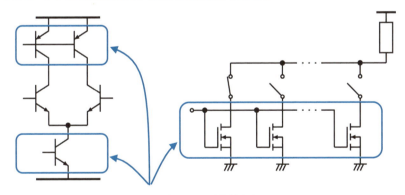

これらのトランジスタは電流源

### ●理想的な定電流源

　電子回路では定電流源の代わりに抵抗を使うことが多々あります。抵抗も電圧が変化しなければ一定の電流を流すことができるからです。しかし、電流供給先の回路の抵抗値は一定とは限りません。そのため、電流源に掛かる電圧が変化し、電流値が変化してしまいます。

理想的な電流源であれば、端子に掛かる電圧が変化しても一定の電流を流し続けることができます（図4-8-2）。

## ●定電流回路

最も簡単な定電流源回路はトランジスタ単体を使ったものです。バイポーラトランジスタの場合、ベース電流を固定しておけばコレクタ電位が変化してもコレクタ電流は変化しません。

コレクタ電流を一定にするためには、ベース抵抗を接続してその先に定電圧を掛ける方法があります。また、図4-8-3に示すカレントミラーという回路を使えば、電流をたくさんコピーすることができます。カレントミラーを使えば、複数のLEDを同じ明るさで光らせることができます。

図4-8-2　理想的な電流源

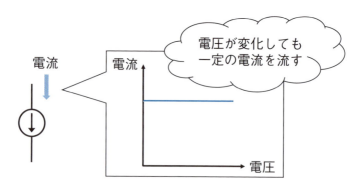

図4-8-3　トランジスタを使った電流源の例

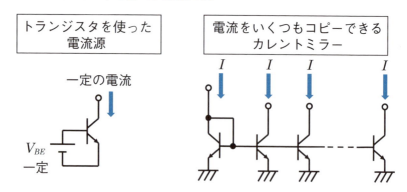

# 任意の周波数のみを通す

### ●信号に含まれる様々な周波数成分

これまで、単一の周波数のみの電気信号を扱ってきました。しかし、実際の電気信号には無数の周波数成分を持つ雑音が乗っています。雑音は、外界からの電磁波や抵抗素子などから発生します。また、出力電圧が大きすぎて電源電圧で頭打ちになっている信号なども多数の周波数成分を含んでいます。

音楽プレイヤーなどで余計な周波数成分が含まれていると、音質が悪くなってしまいます。このような余計な周波数成分を除去する回路のことを**フィルタ回路**といいます。コーヒーなどで使うフィルタと同じで、フィルタを通れない周波数と、通れる周波数で分けることができます。

### ● RC フィルタ

コンデンサは高い周波数の信号を通しやすく、低い周波数の信号を通しにくいという性質を持っています。これを利用すれば簡単にフィルタ回路を作ることができます。

図 4-9-2（左）のように、入力に抵抗を接続し GND にコンデンサを接続すれば低周波信号のみを通す**ローパスフィルタ**になります。これとは逆に、入力にコンデンサを接続し GND に抵抗を接続すれば高周波信号のみを通す**ハイパスフィルタ**になります［図 4-9-2（右）］。

また、通過できる信号と遮断される信号の境目の周波数のことを**遮断周波数**といいます。遮断周波数は抵抗とコンデンサの値によって決まります。

> **遮断周波数**
>
> $$遮断周波数\ f_c = \frac{1}{2\pi \times 抵抗値 R \times コンデンサの容量 C}$$
>
> 遮断周波数は抵抗値とコンデンサの容量で決まる

図 4-9-1　フィルタの働き

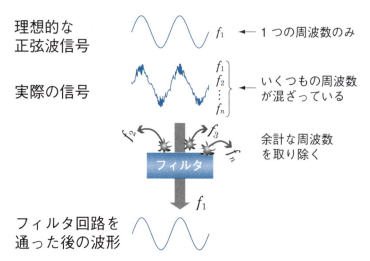

図 4-9-2　RC フィルタ

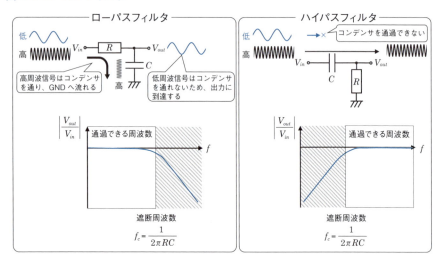

# 4-10 オペアンプで演算する

## ●オペアンプは演算できる

オペアンプの基本動作は、「2つの入力の差を増幅する」です。つまり、減算と掛け算です。この特性を利用すれば、様々な演算ができます。本節では、オペアンプを使った加算、減算、積分の3つを紹介します。

## ●加算回路

加算回路は複数の入力電圧を足して出力することができます。図4-10-1に示す回路がオペアンプを使った加算回路です。入力された電圧は$R_1 \sim R_n$で電流に変換され、それらを合計した電流が$R_f$で電圧に変換されて出力されます。

**図 4-10-1　加算回路**

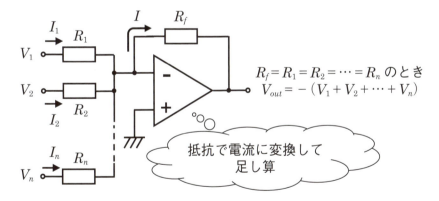

$R_f = R_1 = R_2 = \cdots = R_n$ のとき
$V_{out} = -(V_1 + V_2 + \cdots + V_n)$

抵抗で電流に変換して足し算

## ●減算回路

減算回路は2つの入力電圧の差を出力することができます（図4-10-2）。入力された2つの電圧はそれぞれ$R_1 \sim R_4$で分圧され、$e_1$と$e_2$という電圧になります。オペアンプは$e_1$と$e_2$の差を出力します。$R_2$は負帰還の役割を持

っていて、$R_1 \sim R_4$ の比によって出力電圧を増幅することもできます。単純な引き算をしたい場合はすべての抵抗値を同じ値にします。

## ●積分回路

　積分回路は入力された電圧を積分することができます（図4-10-3）。例えば、sin波を入力すればcos波が出力されます。積分するためにコンデンサを使います。コンデンサを通過した信号は位相がずれます。この位相のずれが積分となります。また、コンデンサを接続する位置を変えれば微分することもきます。

**図 4-10-2　減算回路**

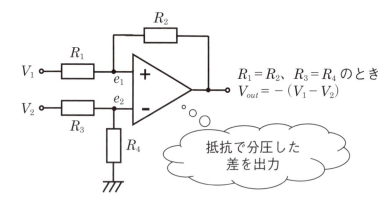

**図 4-10-3　積分回路と微分回路**

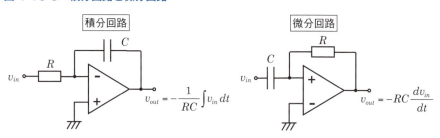

# 4-11 デジタル回路で演算する

## ●アナログ演算の問題点

アナログ計算機を使った演算はとても便利ですが、問題もあります。1つは雑音に弱い点です。回路には必ず雑音が発生します。抵抗1つ置いただけで雑音が発生してしまうので、アナログ回路において雑音を無視することはできません。

もう1つの問題は、回路の非線形性です。**非線形**というのは「まっすぐではない」という意味で、トランジスタなどの半導体素子の電流特性が曲がったグラフであるため、オペアンプなどのトランジスタを使った回路の出力特性はどうしても曲がってしまいます（図4-11-1）。この結果、計算値に誤差が生まれてしまいます。

**図4-11-1　アナログ演算の問題点**

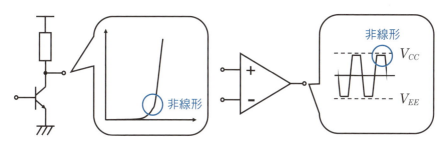

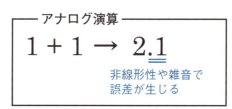

## ●デジタル計算機のメリット

デジタル回路を使えば計算値の誤差を大幅に減らすことができます。デジ

タル回路で扱う信号は0か1のどちらかです。つまり、信号に雑音が乗っていても、信号の大きさに比べて雑音が十分小さいので無視されます。

また、デジタルの計算は0と1を単純に足し合わせていくだけなので、答えが曲がってしまうようなこともありません。また、デジタル回路はその動作が単純なため、微細化しやすく、高速動作させることができます。

デジタル回路は入力信号に対して出力信号が送れる**遅延**という大きな問題がありましたが、現在では素子の微細化に伴い、高速な演算ができるようになりました。このため現在では、計算するための回路はほとんどデジタル回路となっています。

## ●デジタル回路の演算

デジタル回路の計算はすべて2進数で行われます。私たちが普段使っている数字は10進数です。0から9まで数えたら、次は桁が繰り上がって10になります。2進数の場合は2で繰り上がります。つまり、1の次は10です。

計算自体はとても簡単で、例えば、1+1＝2ですが、2進数の場合は1+1＝10となります。これは2進数の10なので、10進数の2と同じ意味になります（図4-11-2）。

### 図4-11-2　デジタル演算

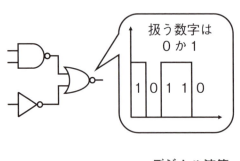
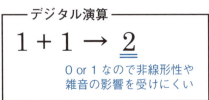

## ● AND、OR、NOT 回路

　デジタル回路の計算では、ANDやORなどの論理演算を使います。例えば、ANDは図4-11-3（右上）のように2つのスイッチで構成できます。片方のスイッチだけでは電流は流れませんが、両方のスイッチが閉じると電流が流れます。これを **AND 回路** といいます。一方、図4-11-3（右下）のように接続すれば、片方のスイッチが閉じるだけで電流が流れます。この回路を **OR 回路** といいます。また、入力された信号を反転して出力する回路を **NOT 回路** といいます。デジタル回路は基本的にこれら3つの回路で構成されます。

### 図 4-11-3　AND 回路と OR 回路

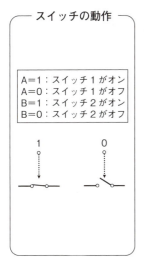
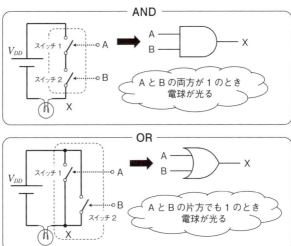

**デジタル回路の基本回路**
- AND 回路
- OR 回路
- NOT 回路

実際のデジタル回路では、スイッチとしてトランジスタを使います。例えば、MOS-FETの場合、NチャネルMOS（NMOS）には高い電圧（High）、PチャネルMOS（PMOS）には低い電圧（Low）をゲートに入力すると電流を通します。つまり、入力する電圧とMOSのオン・オフには表4-11-1に示す関係が成り立ちます。

　この関係から、AND回路、OR回路、NOT回路は図4-11-4に示す回路で構成されます。ただし、図4-11-4に示すAND回路とOR回路はANDとORを反転した信号が出力されます。これらの回路をそれぞれ**NAND回路**、**NOR回路**と呼びます。

### 表4-11-1　入力電圧とMOSの関係

|  | High | Low |
| --- | --- | --- |
| NMOS | オン | オフ |
| PMOS | オフ | オン |

### 図4-11-4　MOSで構成したNAND・NOR・NOT

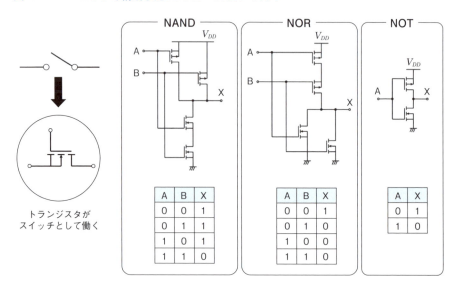

# 4-12 電子回路とプログラミング

## ●電子回路×プログラム

第4章ではアナログ回路の電圧増幅やフィルタ回路、演算回路について説明し、デジタル回路の演算について紹介しました。アナログ回路やデジタル回路にセンサやLED、モータなどの入出力素子を加えると色々なことができるようになります。しかし、複雑な回路が必要で、途中で機能を追加・変更できません。

**プログラム**を使えば単純な回路で複雑な動作を実現でき、しかも機能の追加・変更もできます（図4-12-1）。身の回りにはプログラムを利用した電子機器がたくさんあります。例えばスマートフォンがあります。スマートフォンにアプリをインストールすれば、ゲームやスケジュール管理などの複雑な機能を誰でも簡単に追加することができます。

**図4-12-1　アナログ回路＋デジタル回路＋プログラム**

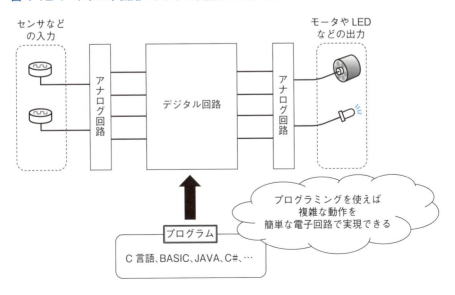

## ●プログラミングとは

コンピュータなどの電子機器に「あれしなさい」、「これしなさい」と命令するもの**プログラム**といい、コンピュータなどを使用してプログラムを作成することを**プログラミング**といいます。

プログラミングにはC言語やBASICなどの**プログラミング言語**と呼ばれる命令文を使います。プログラミング言語は人間が理解できる文章で書き、**コンパイラ**というものでコンピュータが理解できる言語に変換して使います。

文章で実行したい機能を書くだけなので、簡単に複雑な機能を実現させることができます。また、プログラムを書き換えることもできるので、後から機能を変更したり、追加したりすることもできます。

## ●マイコンでプログラムを動かす

電子回路にプログラムを載せて動かすときは、「**マイコン**(マイクロコントローラ)と呼ばれるICを使います。マイコンの中には**CPU**(**中央演算装置**)や**メモリ**(**記憶装置**)といった回路が入っています。メモリに記録されたプログラムを読み出し、CPUで計算処理して複雑な動作を実現します(図4-12-2)。

第5章では、マイコンの種類やマイコンを使った回路について紹介します。

**図4-12-2　プログラミングとマイコン**

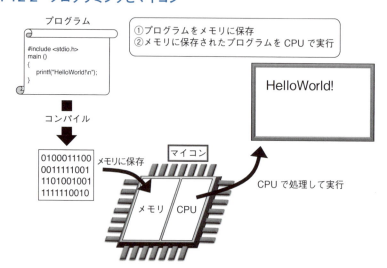

# 第5章

# 「簡単!」
# 電子回路の応用

　第4章までは電子回路の基本について説明してきました。本章ではトランジスタやオペアンプを使用した応用回路について説明します。具体的には音楽やラジオを鳴らす回路、光に反応する回路などを紹介します。身近にある回路を通して電子回路の理解を深めましょう。

# 5-1 電子回路でできること

## ●電子回路で活躍する素子・部品

　電子回路では抵抗やコンデンサ、トランジスタなど、さまざまな素子を使います。抵抗やコンデンサなどの電流は、電圧に比例して流れます。これを**線形素子**といいます。一方、ダイオードやトランジスタなどの電流は、電圧の指数関数や多項式で表されます。このような素子を**非線形素子**といいます。電子回路では、非線形素子を使うことで色々な機能を実現できます（図5-1-1）。

　ダイオードを使えば信号を整流でき、エミッタ接地回路やオペアンプを使えば信号を増幅できます。また、AND・OR・NOTのような論理演算できる回路を組み合わせて計算機を作ることもできます。

　マイコンを使えば、プログラミングで簡単に複雑な動作を実現させることができます。ただし、外部に接続する素子に流す電流を制御する回路や、モータなどの重い負荷に十分な電流を流すための回路が必要です。このため、マイコンを使った電子回路には、アナログ回路、デジタル回路、プログラミングの知識が必要になります（図5-1-2）。

## ●センサでできること

　センサを使えば、明るさや音の大きさなどの自然界の物理量を測ることができます。センサは人の目や耳の代わりになるもので、電子回路と組み合わせることで人と同じようなことができるようになります。

　赤外線を検知できる光センサを使えば、トイレに入ったときに自動で点灯する照明や手をかざすと自動で水が出る水道を作ることができます。他にも自動ドアや自動車のオートライトなど、私たちの身の回りには多くのセンサが使われています。本章では光センサを使った回路を紹介します。

### 図 5-1-1　非線形素子で信号を操る

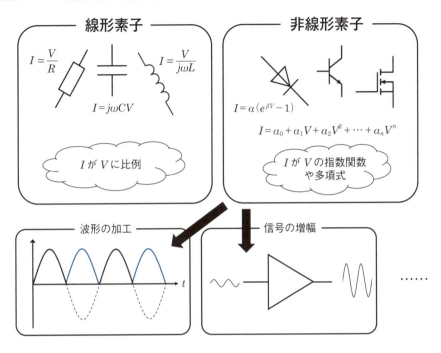

### 図 5-1-2　アナログ回路、デジタル回路、プログラミングの知識が必要

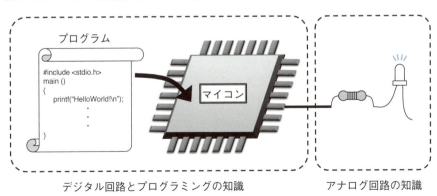

# 5-2 LED を光らせる回路

## ● LED を光らせる回路

　LED を光らせるためには電流が必要です。ただし、LED に流れる電流が小さすぎると明るさが足りなくなり、大きすぎると LED が壊れてしまいます。そのため、LED を光らせる回路には、LED に適切な電流を流すための回路が必要です。

　簡単な LED 点灯回路としては、電池と抵抗、LED を直列につないだものがあります。LED 点灯回路を設計するときに重要なのは、LED に流す電流量を決め、その電流量にするための抵抗値を求めることです（図 5-2-1）。

## ● LED に流す電流

　LED によって「これ以上大きな電流を流すと壊れる」という値が決まっています。この値のことを**絶対最大定格**といいます。回路を設計するときは、絶対最大定格を超えないようにしてください（図 5-2-2）。

　LED 点灯回路を設計するときは、LED の明るさと電流の関係を調べて電流値を決めます。ただし、シビアな設計が必要ない場合は、LED のデータシートに載っている電流値で大丈夫です。

## ●抵抗値の決め方

　図 5-2-3 に示す回路の LED に流れる電流は次式で求められます。

> **LED に流れる電流**
> 
> $$\text{LED の電流値 } I_F = \frac{\text{抵抗に掛かる電圧}(V_B - V_F)}{\text{抵抗 } R}$$
> 
> LED に流れる電流は抵抗 $R$ におけるオームの法則で決まる

抵抗 $R$ に掛かる電圧は、電源電圧 $V_B$ から LED に掛かる電圧 $V_F$ を引いた値です（図 5-2-3）。$V_F$ は LED に流れる電流値によって変化しますが、おおよその値は LED のデータが載っているデータシートと呼ばれるものに記載されています。

### 図 5-2-1　抵抗で LED に流れる電流を制御する

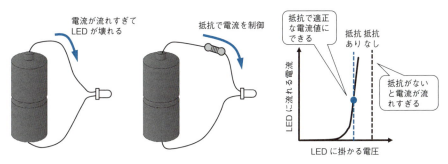

### 図 5-2-2　LED に流れる電流と明るさの関係

### 図 5-2-3　LED に流れる電流値の計算

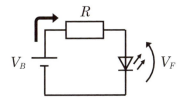

抵抗に掛かる電圧 $V_B - V_F$ なので

$$I_F = \frac{V_B - V_F}{R}$$

# 5-3 ヘッドホンを鳴らす回路

## ●ヘッドホンを鳴らすための回路

　ヘッドホンを使って音楽を聴いたことはありますか？　音楽プレイヤーから出力される信号は小さく、ヘッドホンで大音量・高音質の音を楽しむためには**ヘッドホンアンプ**（図5-3-1）と呼ばれる増幅回路が必要です。本節では、ヘッドホンアンプについて説明します。

　音楽プレイヤーやスマートフォンなどには内部にアンプが入っているのでわざわざ自分でアンプを作る必要もないのですが、高級なヘッドホンをつなげて高音質で音楽を楽しみたい人は、市販のヘッドホンアンプを買ったり、自分で作ったりします。のめり込むと奥の深い分野です。本節では基本的な回路構成とその原理を説明します。

## ●ヘッドホンアンプの回路構成

　ヘッドホンアンプを使う主な目的は電圧と電流の増幅です。電圧や電流を増幅するときはトランジスタまたはオペアンプを使います。今回は4-5節で説明したオペアンプを使った増幅回路を用いてヘッドホンアンプを紹介します。

　ヘッドホンアンプの回路図を図5-3-2に示します。4-5節で説明した非反転増幅回路の入力にボリューム（可変抵抗による分圧）、出力にヘッドホン（$Z_L$）を接続しています。4-5節の回路と少し違うところがありますが、アンプの増幅度（$A_v$）自体は変わりません。

$$A_v = 1 + \frac{R_2}{R_1}$$

　なお、オペアンプの入力電圧は $V_{in}$ を可変抵抗で分圧した値なので、出力電圧は次式で表されます。

> **ヘッドホンアンプの出力電圧**
>
> 出力電圧 $V_{out}$ = 増幅度 $\left(1+\dfrac{R_2}{R_1}\right)$ × 可変抵抗での分圧 $\left(\dfrac{R_4}{R_3+R_4}V_{in}\right)$
>
> 可変抵抗（ボリューム）で出力の大きさを変えられる

### 図 5-3-1 小さな信号を大きくするヘッドホンアンプ

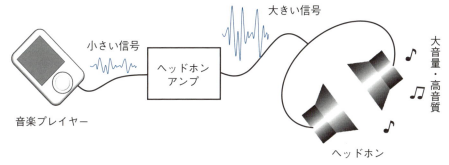

### 図 5-3-2 ヘッドホンアンプの回路構成

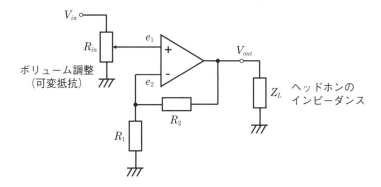

### 図 5-3-3 ボリュームの構造

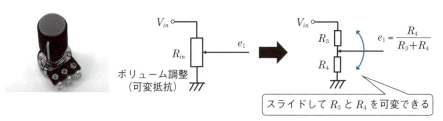

# 5-4 スピーカーを鳴らす回路

### ●スピーカーとヘッドホンの違い

スピーカーもヘッドホンも構造は同じですが、大きな違いは出力電力です。ヘッドホンの場合は、人の耳に近接して音楽を鳴らすので、あまり大きな音は必要ありません。しかし、スピーカーの場合は離れて音楽を聴くので、大きな音を出力しなければなりません。大きな音を出すためには、スピーカーに大きな電力を加えなければなりません。ヘッドホンの最大出力電力は数百mW～数Wですが、スピーカーの場合は数十W～数百Wになります（図5-4-1）。

### ●スピーカーを鳴らすための電流

大きな電力を必要とするスピーカーを鳴らすためには、大きな電流をスピーカーへ流さなければなりあません。スピーカーのインピーダンスは4Ωや8Ωなど非常に小さい値です。インピーダンスなので周波数によってその値は変動しますが、例えば電力40 W、インピーダンス4Ωのスピーカーを駆動する場合は、

$$I = \sqrt{\frac{W}{Z_L}} = \sqrt{10} \cong 3.16\,\text{A}$$

という電流が必要になります。オペアンプが出力できる電流はmAオーダーのものが多く、オペアンプだけでスピーカーを駆動することはできません（図5-4-2）。

### ●スピーカーを鳴らすためのバッファ回路

大きな電流を流すためには、4-7節で説明したバッファ回路が必要です。大きな電流を流すことのできるトランジスタでバッファ回路を作れば、スピーカーに大電流を流すことができます。バッファ回路にはA級バッファやB級バッファがありますが、高音質で音楽を聴くには線形性の高いA級バ

ッファが適しています。しかし、消費電力が大きくなることから、A級バッファとB級バッファの中間の動作をするAB級バッファが用いられることが多いです（図5-4-3）。

### 図5-4-1　オーディオアンプはヘッドホンアンプよりも高出力

小さい音でも十分聞こえる　　　離れて聞くので大きな音が必要

数百mW〜数W　　　　　　　　数十W〜数百W

### 図5-4-2　スピーカーと出力電流の関係

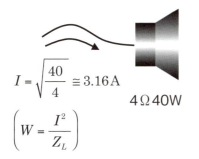

$I = \sqrt{\dfrac{40}{4}} \cong 3.16\,\mathrm{A}$

4Ω40W

$\left(W = \dfrac{I^2}{Z_L}\right)$

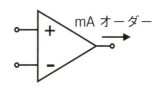

mAオーダー

オペアンプが出力できる
電流はmAオーダー

### 図5-4-3　バッファの役割

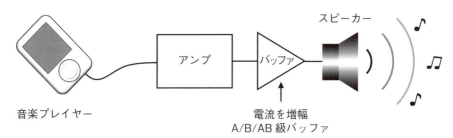

音楽プレイヤー　　　アンプ　　電流を増幅　　スピーカー
　　　　　　　　　　　　　　A/B/AB級バッファ

# 5-5 ラジオを聴くための回路

## ●ラジオと電波

　ラジオ放送は電波と呼ばれる空気中や宇宙空間を移動できる信号を使っています。電波のおかげで、離れたところにある放送局から発信されたラジオ放送をポータブルラジオや車などで聞くことができます。電波は目に見えません。そのため、電波の性質は理解しにくいですが、実は光の仲間なので、光と同じ性質を持っています。

　電波の速さは光の速さ（$3 \times 10^8$ m/s）と同じで、波の性質を持っています。ラジオ放送では、放送局によって電波の周波数が異なります。聴きたい放送局の周波数にチャンネルを合わせるとラジオを聴くことができます。

## ●ラジオの基本回路構成

　ラジオを聴くためには、アンテナ、同調回路、検波回路、フィルタ回路、増幅回路という5つの回路ブロックが必要です（図5-5-1）。

　　アンテナ：電波を電気信号に変換
　　同調回路：特定の周波数の信号のみを通す（チャンネル選択）
　　検波回路：受信した電気信号のプラスのみを取り出す
　　フィルタ回路：音声信号以外の信号を除去
　　増幅回路：信号を増幅（人が聞こえる音量にする）

## ●電波とアンテナ

　**アンテナ**とは電波を受信して電気信号に変換するものです。アンテナが受信できる電波は、電波の波長によって決まります。**波長**というのは1周期の間に進む距離です。周波数 $f$ [Hz] の電波の場合、1秒間に $f$ 回の波が起こるため、1周期の時間は $T = 1/f$ 秒です。つまり、$T$ 秒間に光の速さ $c$（$3 \times 10^8$ m/s）で進む距離が波長 $\lambda$ となります（図5-5-2）。

> **波の長さ(波長)**
>
> 波長 $\lambda$ = 周期 $T$ × 電波の速さ(光速)$c$
> 1 周期に進む距離が波長

例えば、NHK 福岡第 1 放送は 612 kHz、第 2 放送は 1017 kHz ですので、第 1 放送の波長は約 490 m、第 2 放送の波長は約 294 m となります。

簡単なアンテナとして 1/2 波長アンテナがありますが、ラジオ放送の電波の波長は長いため、アンテナの形状を変えて小型化しています。ただし、小さいアンテナは受信能力が弱いため、強力な増幅回路が必要となります。

### 図 5-5-1 ラジオの原理

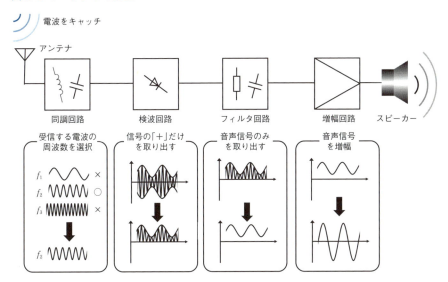

図 5-5-2　波長と周期（周波数）の関係

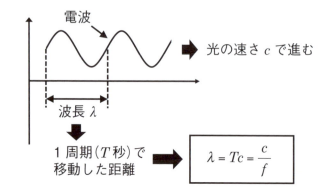

## ●周波数を選択する同調回路

　同調回路は受信する周波数を設定できます。ラジオの周波数は放送局によって異なるため、受信したい放送局を選択するために必要な回路です。

　同調回路は $L$ と $C$ で構成されます。アンテナで変換された電気信号は $L$ と $C$ の並列回路に流れ込み、電圧降下を起こします。このときに発生する電圧の大きさは、$LC$ 並列回路のインピーダンスで決まります。

　コイルは低周波信号を通しやすく、高周波信号を通しにくいという特性があります。つまり、低周波でのインピーダンスが低く、高周波でのインピーダンスが高くなります。

　一方、コンデンサは低周波信号を通しにくく、高周波信号を通しやすいという特性を持っています。つまり、低周波でのインピーダンスが高く、高周波でのインピーダンスが低くなります。この2つを組み合わせると、ある特

図 5-5-3　同調回路の原理

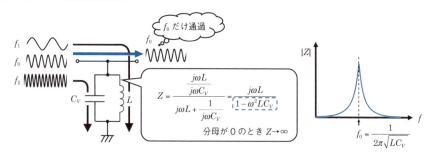

定の周波数のときだけインピーダンスが高い回路を作ることができます。$L$ と $C$ を並列接続した回路のインピーダンスが高くなるときの周波数を**共振周波数**といいます。

　共振周波数から外れた周波数の信号はコイルもしくはコンデンサを通って GND に落ちます。共振周波数付近の信号は $LC$ 回路を通ることができず、そのまま出力端子へと流れていきます。

## ●電波から音声信号を取り出す

　ラジオには AM ラジオと FM ラジオの 2 つがあります。AM ラジオでは信号の振幅を使い、FM ラジオでは信号の周波数を使って音声を送信しています。ここでは、AM ラジオの電波から音声信号を取り出す方法について説明します。

　人が聞くことのできる音の周波数は約 20 Hz ～ 20,000 Hz の範囲です。これを電波で飛ばそうとすると、長い波長の電波を飛ばすためにとんでもなく長いアンテナが必要になってしまいます。そこで、AM ラジオでは搬送波と呼ばれる高い周波数の信号の振幅を変えて音声信号を送っています。図 5-5-4 に示す波形の外側が音声信号となります。

### 図 5-5-4　AM ラジオの信号

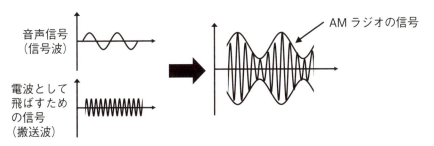

　図 5-5-4 に示すように、AM ラジオの信号はプラス側とマイナス側の両方に音声信号が乗っていて、高周波と低周波が混在しています。音声信号を取り出すためには、まず、プラス側の信号のみを取り出します。「プラス側のみの信号を取り出す」ときには、ダイオードの整流特性を使います。プラス側のみになった信号には、まだ搬送波の高周波成分が乗っています。これを

取り除くには低周波信号のみを通す**ローパスフィルタ**を使います。これは4-9節で説明したフィルタ回路で作ることができ、「コンデンサは高周波信号を通しやすい」という特性を使っています。

このように、ダイオードとコンデンサを使えば、搬送波に乗った信号波を取り出すことができます。

●**音声信号の増幅**

ラジオの電波から受信した音声信号をそのままイヤホンで聞くこともできますが、受信できる電波のエネルギーは非常に小さいため、とても小さい音でしか聞くことができません。大きな音でラジオを聴くためには、5-3節や5-4節で説明した増幅回路を使います。

**図 5-5-5　プラス信号のみ通過**

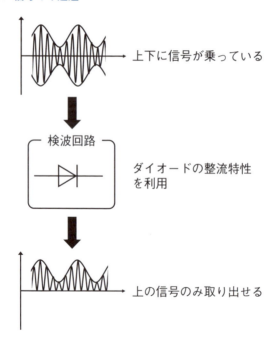

**図 5-5-6 搬送波の除去**

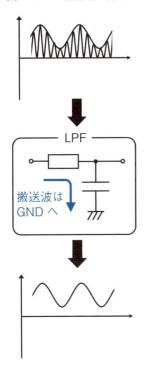

**図 5-5-7 信号の増幅と直流成分の除去**

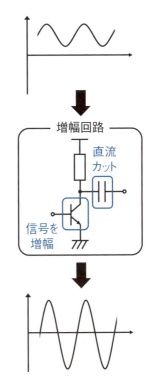

> ### ⚠ 正帰還
>
> 　本書ではオペアンプの出力を反転させて入力に帰還する負帰還について説明しましたが、出力を反転させずにそのまま帰還させる**正帰還**というものがあります。正帰還の場合、増幅された信号が再び入力に戻って増幅されるので、永遠に増幅を繰り返します。この繰り返しにより雑音などの微弱な信号も大きく増幅され、不安定な出力信号となってしまいます。負帰還回路であっても信号の周波数が高くなるにつれて位相が変化し、正帰還になってしまいます。回路設計者は、正帰還になっても不安定にならないようにコンデンサなどを使って回路の安定性を確保します。
>
> 　また、正帰還をうまく利用すれば何も入力しなくても正弦波などを出力できる発振回路を作ることができます。

# 5-6 一定の電圧を供給する回路

## ●電子回路に必要な電圧を作る

　電子回路は直流電圧のエネルギーを使って動作します。この直流電圧を生み出すものとして乾電池があります。しかし、乾電池の電圧は 1.5 V なので 3.3 V や 5 V などの 1.5 の倍数でない電圧を出力できません（図 5-6-1）。また、電流が大量に流したり、電池を長時間使ったりすると電圧が低下します。

　電池の他にも交流電圧を直流電圧に変換する AC アダプタを使えば、コンセントの電圧から直流電圧を作り出すことができます。しかし、交流から直流へ変換するときの影響で電圧が変動することがあります（図 5-6-2）。

　このように、電子回路の電源は適切な値でなかったり変動したりするので、

**図 5-6-1　電池だけでは電源に使えない**

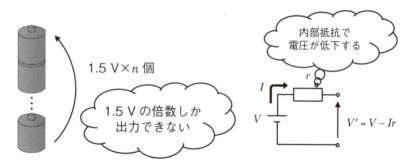

**図 5-6-2　AC アダプタだけでも使えない**

このような電圧を一定に保つための回路が必要です。この電圧を一定に保つ回路のことを**電源回路**または**定電圧源**（回路）と呼びます。

## ●3端子レギュレータ

一定の電圧を出力する素子として3端子レギュレータがあります。**3端子レギュレータ**は、一定の電圧を出力するための回路がICチップ化されたものです。3端子レギュレータ内の回路では、供給する電圧の値が目的の電圧値からずれていないかを常に確認していて、ずれていたら目的の電圧値になるように調整するようになっています。目的の電圧値よりも大きい余分な電圧は熱として放出されます（図5-6-3）。

## ●スイッチングレギュレータ

3端子レギュレータは入力した電圧よりも低い電圧しか出力できません。スイッチングレギュレータの場合は、入力よりも大きい電圧を出力することができます。また、マイナスの電圧を作る回路や、プラスとマイナスの両方の電圧（両電源）を作る回路があり、オペアンプの電源として使用することができます（図5-6-4）。

**図 5-6-3　3端子レギュレータによる電圧の生成**

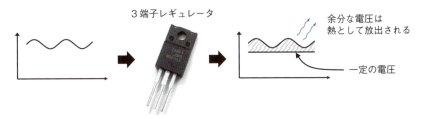

**図 5-6-4　スイッチングレギュレータで生成できる電圧**

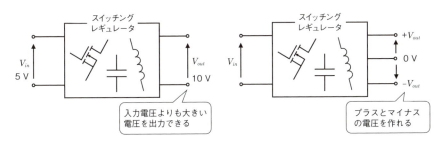

# 5-7 光に反応する回路

## ●光に反応する回路

3-11節で説明したように、センサを使えば電子回路で色々なことができるようになります。本節では光に反応するセンサ（光センサ）を使った回路について紹介します。光センサを使えば、暗くなったら自動で点灯するライトを作ることができます。

## ●光センサの動作

光センサは光を受けると、受光した光エネルギーを電気エネルギーに変換し、電流が流れます。ただし、このとき流れる電流はごくわずかで、μAオーダーという小さいものです。このような小さい電流を増幅するときはバイポーラトランジスタを使います。**バイポーラトランジスタ**はわずかなベース電流を大きなコレクタ電流に増幅することができます。よって、光センサから流れてきた電流をトランジスタのベースに流し込めば、mAオーダーの電流を得ることができます。

## ●暗くなると光る回路

光センサを使った応用として、「暗くなったら光る」という回路を考えてみましょう。まず、上記で説明したように光センサとバイポーラトランジスタを使えば、明るくなったときに電流が流れる回路を作ることができます（図5-7-1）。そして、バイポーラトランジスタの電流でLEDを駆動させれば、光センサでLEDを光らせる回路の完成です。

ただし、今回は「暗くなったら光る」ですので、暗くなったときにLEDに電流が流れなければなりません。今の状態では、暗いときに電流が流れず、明るいときに電流が流れます。図5-7-2のように、バイポーラトランジスタのコレクタ端子に抵抗を付ければ、センサに光が当たって電流が流れると、抵抗の電圧降下が大きくなり、LEDに電圧が掛からなくなります。暗くな

りセンサに光が当たらなくなると、抵抗に電流が流れないため、抵抗の電圧降下がなくなり、LED に電圧が掛かって点灯します。これで、暗くなったら光る回路の完成です。

### 図 5-7-1　光センサで LED を点灯させる回路

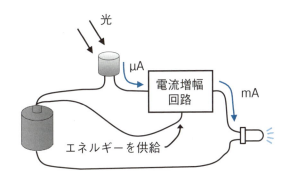

### 図 5-7-2　周囲が暗くなったら LED が点灯する回路

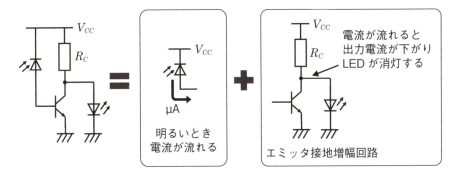

# 1 bit の加算回路

## ●デジタル回路の演算

デジタル回路の演算では2進数を使います。2進数の桁の数を bit(ビット)といいます。2 bit であれば、00、01、10、11 を表現できます。これを10進数で表すと、0、1、2、3 です。つまり、2 bit を使えば3まで表現できます。

1 bit の加算では、0+0=0 から 1+1=10 までを計算します。これを表にすると表5-8-1になります。Xが1の位でYが10の位です。

## ● 1 bit 加算器を実現するための論理式

次に表5-8-1から論理式を立てます。論理式を立てるときは、例えば、Aが0のときは $\overline{A}$、1のときはAと表します。Bも同様に表します(図5-8-1)。それでは、X(1の位)が1になるときを考えましょう。Xが1になるのは「Aが1」かつ「Bが0」、または「Aが0」かつ「Bが1」のときです。これを論理式で表すと以下の式になります。

> 1 bit の加算
> X = (A かつ $\overline{B}$) または ($\overline{A}$ かつ B)
> 掛け算は AND(かつ)、「∨」は OR(または)を意味する
> $\overline{B}$ や $\overline{A}$ は各々BやAの反転した値を示す。例えば、B = 1
> のとき $\overline{B}$ = 0 となる。

表 5-8-1　1 bit の加算

| A | B | Y | X |
|---|---|---|---|
| 0 | 0 | 0 | 0 |
| 0 | 1 | 0 | 1 |
| 1 | 0 | 0 | 1 |
| 1 | 1 | 1 | 0 |

一方、Y（10の位）が1になるのは、「Aが1」かつ「Bが1」のときだけです。
 Y = AB

## ●論理式の回路化

後は論理式を回路にするだけです。Yの論理式の方が簡単なので、Yから考えましょう。「Y = AB」というのは「Y =（A）AND（B）」という意味で、「AとBをANDでつなげる」という意味になります。Xの場合は、「Aと$\overline{B}$のAND」と「$\overline{A}$とBのAND」をORでつなげます。これを回路化すると図5-8-2になります。

**図 5-8-1　論理式での表し方**

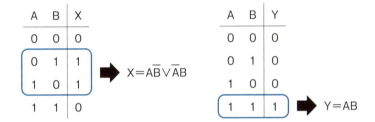

**図 5-8-2　論理式の回路化**

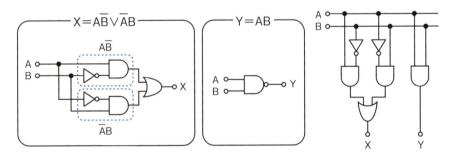

### ⚠️ デジタル回路の作り方

　デジタル回路を設計する方法はいくつかあります。学校で学ぶときには本書で説明したように論理式を使って設計することが多いです。しかし、実際のデジタル回路設計はプログラミングのような感覚で行われます。特にハードウェア記述言語（HDL）を用いた設計が多く、Verilog HDL や VHDL などのハードウェア記述言語があります。ハードウェア記述言語を使えば、デジタル回路の知識がなくても大規模なデジタル回路を簡単に作ることができます。ただし、細かいところを気にするとトランジスタレベルの知識が必要です。

　ハードウェア記述言語で設計した回路はレイアウトデータを IC 製造会社へ依頼すれば作ってもらうことができますが、IC の製造には莫大なお金が必要です。個人でデジタル回路を作るときは **FPGA**（Field-Programmable Gate Array）が便利です。FPGA は回路の接続をプログラムに合わせて変更できる IC です。ハードウェア記述言語で書いた回路情報を FPGA へ送ると、FPGA が記述された回路の通りに動作します。プログラミングと同様に何回でもやり直しできるので、手軽にデジタル回路設計できます。

# 第6章

# 「簡単!」電子工作

　本章では今まで学んできた電子回路の知識を使って工作することについて説明します。電子回路だけの知識では工作できないので、工作に必要な知識も説明します。また、回路の設計手法についても説明します。このとき、今まで学んだ電子回路の知識が必要になります。電子工作を通して電子回路の知識を深めていきましょう。

# 6-1 電子工作

## ●電子工作とは

**電子工作**とは、電子回路の知識を使って回路を工作することをいいます。第5章で LED を光らせる回路やスピーカーを鳴らす回路について説明しました。電子工作ではそのような回路を実際に作ります。このとき、前章までに学んだ知識が必要になります。ただし、電子回路の数式を丸暗記していただけでは電子工作はできません。

例えば、電子回路では「1 kΩ の抵抗に 5 V の電圧を掛けたら何 A の電流が流れますか？」ということを考えますが、工作のときは「5 V の電圧を掛けて 5 mA の電流を流したいときは何 Ω の抵抗を使えばいいですか？」ということを考えなければなりません（図 6-1-1）。

今まで習ったことを逆から考えていく力が必要になります。これを考えられるようになると、より深く電子回路のことを理解できるはずです。

## ●電子工作の流れ

電子工作をするときは、まず作りたいものを考えます。そこから必要な回路やその回路の性能、電源電圧などの仕様を決めます。次に仕様を満たすための抵抗値やキャパシタンスなどの素子値を計算し、必要な部品を用意します。部品がそろったら、あとは回路を作り、動作を確認します。

1. 作りたいものを考える。
2. 回路の仕様と構成を決める。
3. 回路仕様から抵抗値などの素子値を計算する。
4. 必要な部品を用意する。
5. 回路を作る（はんだ付けなど）。
6. 動作を確認する。

### 図 6-1-1　電子回路と電子工作の計算の違い

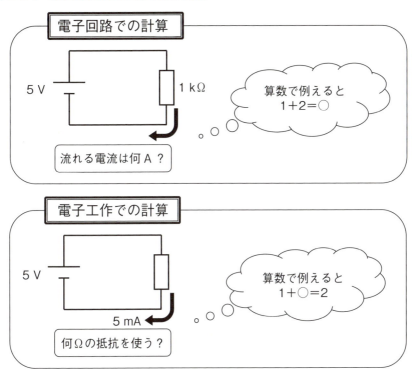

### 表 6-1-1　本章で紹介する回路

| 回路名 | 動作内容 |
| --- | --- |
| LED 点灯回路 | スイッチをオンすると LED が点灯する。（抵抗の役割を理解しよう） |
| ヘッドホンアンプ | 音楽プレイヤーの信号を増幅してヘッドホンから音を鳴らす。（オペアンプの使い方を学ぼう） |
| オーディオアンプ | ヘッドホンアンプの出力電力を増幅し、スピーカーで音を鳴らす。（電力を増幅させよう） |
| 電源回路 | 電圧変動を抑え、出力電流が変化しても一定の電圧を供給する。（安定した電圧供給を学ぼう） |
| 光センサ回路 | 周囲が暗くなると LED が点灯する。（入力にセンサを使って LED 点灯を自動化しよう） |

# 6-2 LED 点灯回路の製作

## ● LED 点灯回路

　LED を点灯させるための回路を考えましょう。LED に 20 mA の電流を流します。この電流値は LED の特性が記載されているデータシートというものに載っている標準電流の値ですので、20 mA 前後であれば問題ありません。ただし、素子が壊れてしまう**絶対最大定格**を超えるような電流を流してはいけません（図 6-2-1）。

　LED に電流を流すための電源と電流を制御するための素子も必要です。今回は、電源に乾電池を 4 本、電流制御に抵抗を使います。

　回路は図 6-2-2 のものになります。乾電池から送られる電流を抵抗で制御して LED に流します。

## ●抵抗値の計算

　回路の仕様と構成が決まったので、次は抵抗値を決めます。抵抗値は電圧と電流からオームの法則を使って求められます。電流は LED に流す 20 mA です。あとは抵抗に掛かる電圧を求めるだけです（図 6-2-3）。

　電源電圧は乾電池 4 個で作るので、抵抗と LED の 2 つに掛かる電圧は 1.5 V×4 個 = 6 V です。また、LED に 20 mA 流すとき、LED の電圧降下は 2.1 V 前後になります。これもデータシートに記載されています。電源電圧 6 V から LED の電圧 2.1 V を引いた 3.9 V が抵抗に掛かる電圧です。したがって、抵抗値は、3.9 V÷20 mA = 195 Ω となります。

### 図 6-2-1　LED (EBG3402s) のデータシート (一部省略)

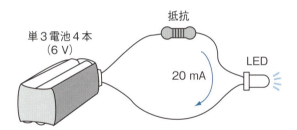

| Type No. | Material | Emitted C... | Absolute Maximum Ratings ||||  | Electro-Optical Characteristics ||||| Wavelength |||
|---|---|---|---|---|---|---|---|---|---|---|---|---|---|---|---|
| | | | Power Dissipation | Forward Current | Peak Forward Current | Reverse Voltage | ※1 Derating | Forward Voltage $V_F$ || $I_F$ | Reverse Current $I_R$ || Peak $\lambda p$ TYP. | Spectral Line Half Width $\Delta\lambda$ TYP. | $I_F$ |
| | | | $P_d$ | $I_F$ | $I_{FM}$ | $V_R$ | $\Delta I_F$ | TYP. | MAX. | | MAX. | $V_R$ | | | |
| EP... | | | | | | | 0.67 | 1.7 | 2.0 | 20 | 100 | 4 | 660 | 30 | 20 |
| EY... | | | | | | | 0.33 | 2.0 | 2.5 | 20 | 100 | 4 | 630 | 30 | 20 |
| E... | | | | | | | 0.40 | 2.0 | 2.8 | 20 | 20 | 4 | 630 | 30 | 20 |
| P... | | | | | | | 0.33 | 2.1 | 2 | | | | | | 10 |
| MPR | GaP | | 75 | 30 | 75 | 4 | 0.40 | 2.1 | 2 | | | | | | 10 |
| PG-Y | | | 125 | 50 | 100 | 4 | 0.67 | 2.1 | 2 | | | | | | 20 |
| EPG / PG | GaP | Green | 125 | 50 | 100 | 4 | 0.67 | 2.1 | 2.5 | 20 | 100 | 4 | | 30 | 20 |
| EMPG / MPG | | | 70 | 25 | 60 | 4 | 0.33 | 2.1 | 2.8 | 20 | 20 | 4 | 560 | 30 | 20 |
| EBG / BG | GaP | Pure Green | 125 | 50 | 100 | 4 | 0.67 | 2.1 | 2.5 | 20 | 100 | 4 | 555 | 30 | 20 |
| EMBG / MBG | | | 70 | 25 | 60 | 4 | 0.33 | 2.1 | 2.8 | 20 | 20 | 4 | 555 | 30 | 20 |
| Units | | | mW | mA | mA | V | mA/℃ | V || mA | V || nm | nm | mA |

吹き出し: 絶対最大定格（この値を超えないように使用する）
吹き出し: LED 点灯回路製作で参考にした電流値

### 図 6-2-2　製作する LED 点灯回路

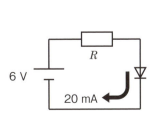

### 図 6-2-3　抵抗値の計算

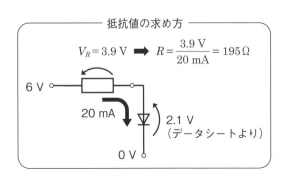

抵抗値の求め方

$V_R = 3.9\,\text{V}$ → $R = \dfrac{3.9\,\text{V}}{20\,\text{mA}} = 195\,\Omega$

## ●抵抗の選び方

必要な抵抗の抵抗値が 195 Ω であることがわかりました。しかし、そのような抵抗値のものを見つけることは、おそらくできないでしょう。3-2 節で説明したように、市販の抵抗は E 系列に従って揃えられています。E12 系列の場合、150 Ω、220 Ω、270 Ω という値で売られています。

つまり、195 Ω の抵抗を作るためには複数の抵抗を使わなければなりません。今回はそこまでシビアに抵抗値を実現する必要はないので、195 Ω に一番近い 220 Ω の抵抗で代用します。抵抗を 220 Ω にしたときに LED に流れる電流は、3.9 V ÷ 220 Ω ≈ 17.7 mA です。抵抗に数 % の誤差があると考えれば、このような誤差は大した問題ではありません。

それよりも気を付けなければならないのが抵抗で消費される電力です。抵抗には**定格電力**というものがあり、消費できる電力が決まっています。定格電力を大幅に超える電力を抵抗に与えると、抵抗が発熱しすぎて燃えてしまいます。今回は 220 Ω の抵抗に 3.9 V の電圧を掛けるので、抵抗で消費される電力 $P$ は、

$$消費電力 = \frac{(電圧)^2}{抵抗} = \frac{3.9^2}{220} \cong 69.1 \text{ mW}$$

となります。電子工作でよく使われる抵抗の電力定格は 0.25 W で **1/4 W 抵抗**と呼ばれています。69.1 mW は 0.25 W よりも十分小さいので問題なく使用できます。

## ● LED 点灯回路の製作

表 6-2-1 に示すパーツをそろえたら、LED と抵抗をブレッドボードに差して、ジャンパー線ですべての素子をつなげます（図 6-2-5）。最後に電池をつなげます。電池 BOX の上の線がプラスで下の線がマイナスです。電池のプラス側にスイッチを付ければ点滅を制御できて便利です。

### 図6-2-4 E 12系列抵抗を選ぶときの注意点

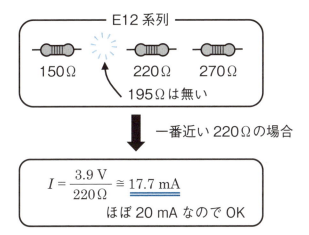

### 表6-2-1 使用するパーツ

| 品名 | 素子値 | 個数 |
| --- | --- | --- |
| LED（EBG 3402s） |  | 1 |
| 1/4 W 炭素皮膜抵抗 | 220 Ω | 1 |
| 単3電池 | 1.5 V | 4 |
| 電池BOX |  | 1 |
| ブレッドボード |  | 1 |

### 図6-2-5 LED点灯回路

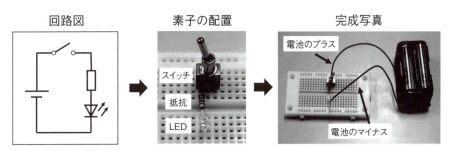

# 6-3 ヘッドホンアンプの製作

## ●回路構成

オペアンプを使用した非反転増幅回路で構成したアンプを作ります。アンプ全体の増幅度は計算しやすいように7.8倍とし、入力に可変抵抗を付けて音量調整できるようにします（図6-3-1）。

## ●増幅度から抵抗値を計算する

4-5節や5-3節で学んだ知識を使って、非反転増幅回路で7.8倍の増幅度を実現するための抵抗値を求めましょう。非反転増幅回路の増幅度は

$$増幅度 = 1 + \frac{R_2の抵抗値}{R_1の抵抗値} = 7.8$$

なので

$$\frac{R_2の抵抗値}{R_1の抵抗値} = 6.8$$

となります。このことから、$R_2$ が $R_1$ に対して6.8倍の大きさであればいいことがわかります。数式では $R_1$ と $R_2$ が、1 Ωと6.8 Ω、100 kΩと680 kΩでもいいことになりますが、実際には数百Ω～数十kΩの抵抗を使います。今回は $R_1 = 1$ kΩ、$R_2 = 6.8$ kΩとして設計します。

抵抗値が小さすぎると、出力からGNDに掛けて大きな電流が流れることになり、消費電力が大きくなったり、オペアンプが電流を出力できなくなったりします。逆に抵抗値を大きくしすぎると、抵抗から発生する雑音が大きくなりすぎたり、オペアンプの入力抵抗が影響したりします（図6-3-2）。さまざまな特性を考慮して素子の値を決める必要があります。まずは「電子回路で学んだ数式をどのように使うのか」ということを意識して作りましょう。

### 図 6-3-1 製作するヘッドホンアンプ

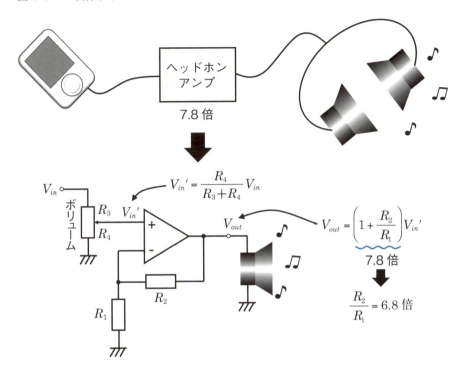

### 図 6-3-2 帰還抵抗の大きさが回路に与える影響

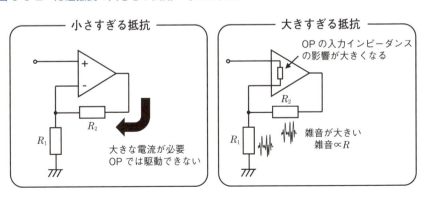

## ●オペアンプの電源と GND

音楽の電気信号はプラスとマイナスの両方を持っているため、オペアンプはプラスとマイナスの信号を出力しなければなりません。オペアンプが出力できる電圧範囲は電源電圧以下ですので、オペアンプの電源にもプラスとマイナスが必要です。これを**両電源**といいます。

使用する電源は乾電池です。乾電池で手っ取り早く両電源を作るときは、乾電池の1組をプラス電源、もう1組をマイナス電源として使用します。

このとき、プラス電源の－端子とマイナス電源の＋端子を GND（0 V）とします。1組を電池4本とした場合、GND を中心に±6 V の電圧が作られます（図6-3-3）。GND は回路全体の基準電位になります。音声信号にも基準電位が必要なので、イヤホンジャックの GND 端子に先ほど作った GND を接続します。

**図6-3-3　ヘッドホンアンプの電源**

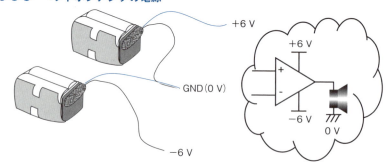

## ●ヘッドホンアンプの製作

必要なパーツ（表6-3-1）を用意したら、ブレッドボードに抵抗とオペアンプを差し込み、回路図に従ってジャンパー線で接続していきます。このとき、オペアンプのピンの並びに注意しましょう。オペアンプのピン配置は種類によって異なるので、必ずデータシートを確認してください。NJM4580DD のピン配置は図6-3-4となります。IC の中には2つのオペアンプが入っていて、どちらか片方を使います。

ピンに番号が付いていますが、パッケージに凹みのある方の○印から1番

ピンです。オペアンプに電源を接続するときは、電源の正（$V_+$）と負（$V_-$）を逆に接続しないように気を付けてください。

製作した回路は、図 6-3-5 になります。イヤホンジャックにスマートフォンやオーディオプレイヤーをつないで音を鳴らしてみましょう。

**表 6-3-1　必要なパーツ**

| 品名 | 素子値 | 個数 |
| --- | --- | --- |
| オペアンプ（NJM4580DD） | 1 | |
| 炭素皮膜抵抗 | 1 kΩ（1/4 W） | 1 |
| | 6.8 kΩ（1/4 W） | 1 |
| 単 3 電池 | 1.5 V | 8 |
| 電池 BOX | | 2 |
| ブレッドボード | | 1 |
| イヤホンジャック<br>（3.5 mm ミニジャック基板取付用） | | 2 |
| ボリューム | 47 kΩ | 1 |

**図 6-3-4　オペアンプのピン配置（データシートより）**

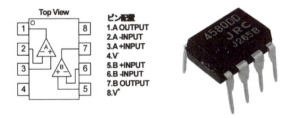

**図 6-3-5　ヘッドホンアンプの製作（イヤホンジャック）**

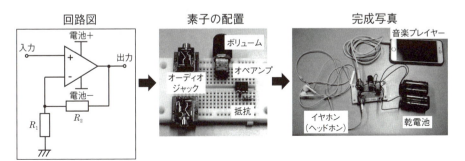

# 6-4 オーディオアンプの製作

## ●回路構成

　オーディオアンプもヘッドホンアンプも回路の役割は同じですが、出力できる電流の大きさが異なります。5-3節で説明したように、ヘッドホンアンプではスピーカーに十分な大きさの電流を流せないため、大きな音を出すことができません。

　もし、ヘッドホンアンプを製作したのであれば、試しにスピーカーにつないでみてください。6-3節で製作したヘッドホンアンプをスピーカーにつないで音量を上げると、スピーカーから「バリバリ」といった音が混ざり、音質が低下します。スピーカーで大きな音を鳴らすためにはヘッドホンアンプの出力にバッファ回路を接続する必要があります（図6-4-1）。

## ●バッファ回路の構成

　コンプリメンタリ・プッシュプル・エミッタフォロワというバッファ回路を使います。**エミッタフォロワ**とは、コレクタ接地回路のことで、出力抵抗が低く、重い負荷を駆動することができます。**プッシュプル**とは、電流を押し出したり、引き込んだりする動作のことを表します。**コンプリメンタリ**とは、「相補の」という意味で、プッシュプル動作の「プッシュ」のときと「プル」のときに正反対の特性を持つトランジスタを使います。基本的にnpn型とpnp型が反対の特性になります。

　バッファ回路の回路図を図6-4-2に示します。バッファ回路にプラスの電圧が入力されると上部のnpnトランジスタに電流が流れ、マイナスの電圧が入力されると下部のpnpトランジスタに電流が流れます。

　ただし、トランジスタに電流を流すためにはベース–エミッタ間に0.6 V程度の電圧が必要なため、アンプの出力電圧が0 Vのときにどちらのトランジスタにも電流が流れなくなってしまい、信号が歪んでしまいます。

　これを防ぐために0.6 Vを作り出す回路が必要になります。そこで、ダイ

オードを使って 0.6 V を作ります。3-6 節で説明したように、ダイオードは定電圧源として使うことができます。

### 図 6-4-1 バッファ回路で出力電力を強化

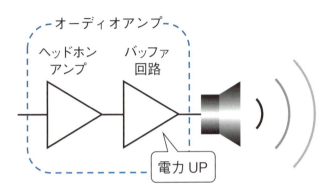

### 図 6-4-2 プッシュプルバッファ回路

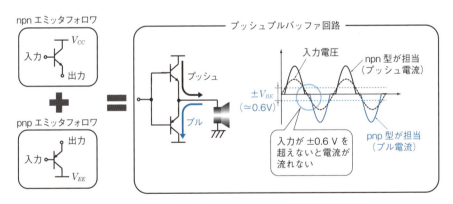

**図 6-4-3　バイアスの作り方**

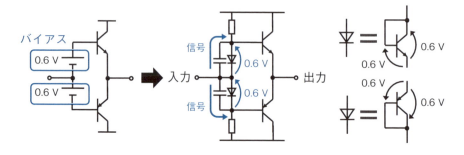

　トランジスタのベースとコレクタを接続すれば、ダイオードと同じように0.6 Vを作ることができます。同じ型番のトランジスタを使えば簡単にベース－エミッタ間電圧（0.6 V）を作ることができるので、今回はダイオードではなく、トランジスタを使用します（図6-4-4）。

**図 6-4-4　同じ型番のトランジスタでバイアスを作る**

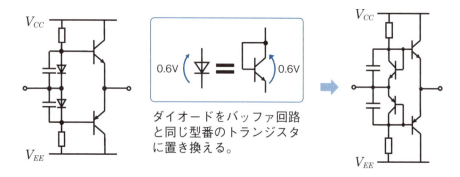

　また、バイアス回路に付ける2つの抵抗は小さい方がいいのですが、小さすぎるとオペアンプの出力電流が大きくなりすぎて信号を出力できなくなってしまいます。今回は帰還抵抗と同程度の大きさにするために、3.3 kΩの抵抗を使用します。

## ●オーディオアンプの製作

　2つのバイポーラトランジスタをブレッドボードに差し込み、バッファ回路を作ります。6-3節のヘッドホンアンプの出力端子をバッファ回路の入力

に接続します。このとき、帰還抵抗 $R_2$ をオペアンプではなく、バッファ回路の出力に接続してください。オペアンプとバッファ回路を合わせて1つのアンプとして考えます。

　オーディオアンプが完成したら、次はスピーカーを接続します。スピーカーにはプラス端子とマイナス端子があります。スピーカーのプラス端子をオーディオアンプの出力端子、マイナス端子を GND に接続します。最後に音楽プレイヤーを接続して音楽を鳴らしてみてください。スピーカーで大きな音を鳴らすことができます。

**表 6-4-1　必要なパーツ**

| 品名 | 素子値 | 個数 |
|---|---|---|
| ヘッドホンアンプ (6-3 節で製作したもの) |  | 1 |
| npn 型トランジスタ（2SC3422） |  | 3 |
| pnp 型トランジスタ（2SA1359） |  | 3 |
| 炭素皮膜抵抗 | 3.3 kΩ（1/4 W） | 2 |
| 電解コンデンサ | 100 μF | 2 |
| スピーカー | 80 W 4 Ω | 1 |

**図 6-4-5　オーディオアンプの製作**

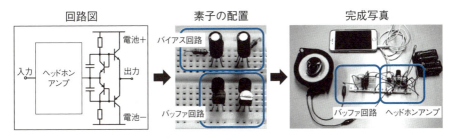

# 6-5 電源回路の製作

## ●オーディオアンプで使用した電源の問題点

ACアダプタで生成した直流電圧をオーディオアンプの電源として使うこともできます。しかし、ACアダプタから生成された電圧には雑音成分が多く含まれているため、音質を重視するオーディオアンプの電源には向いていません。そこで、よく用いられるのが乾電池です。化学反応で電圧を生成する乾電池にはACアダプタのような大きな雑音がありません。

ただし、乾電池の電圧は長期間使用すると低下してしまいます。また、大きな電流が流れると、乾電池の内部抵抗で電圧が低下してしまいます（図6-5-1）。このように、乾電池だけでは安定した電圧供給ができません。

**図 6-5-1　ACアダプタと乾電池の問題点**

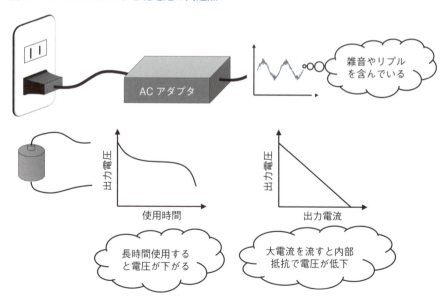

## ●低雑音で安定した電圧を供給する3端子レギュレータ

　低雑音かつ安定した電圧を供給できる回路として3端子レギュレータがあります。多くのACアダプタはスイッチで電圧を調整しますが、このスイッチから大きな雑音が発生します。一方、3端子レギュレータはスイッチを使わないため、大きな雑音は発生しません。

　また、出力電圧が変動しないように常に出力をモニタリングしています。出力電圧が下がりそうになったときは出力により多くの電流を供給し、出力の低下を防ぐことができます。

## ●3端子レギュレータを用いた電源回路の構成

　今回使用する3端子レギュレータは17805TというICです。17805Tは7～35Vの直流電圧を入力すると、5Vの直流電圧を出力します。

　3端子レギュレータに入力される電圧には、**雑音成分**や**リプル**と呼ばれる波打った電圧が含まれます。雑音やリプルは時間変化する電圧なので、コンデンサ $C_1$ で除去することができます。

　また、3端子レギュレータは出力電圧を検出しながら出力を調整します。つまり、**帰還回路**です。回路の動作速度には限界があり、出力の変動が速いと出力と調整にずれが生じます。このずれが生じると**発振**という現象が起き、直流電圧を出力できなくなってしまいます。発振を防ぐために、出力端子にコンデンサ $C_2$ を接続します。コンデンサには帰還回路の調整のずれを抑える働きがあります。また、$C_2$ は雑音除去の役割も持っており、より安定した直流電圧を供給することができます（図6-5-2）。

**図6-5-2　3端子レギュレータを使った電源回路**

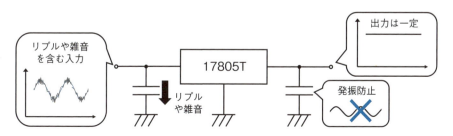

## ●回路の製作

表 6-5-1 に示すパーツをそろえ、ブレッドボードを使って接続しましょう。今回はパーツも少なく、とても簡単です。ただし、3 端子レギュレータのピン配置に注意して接続してください。

3 端子レギュレータの 1 番ピンに電解コンデンサのプラス端子、2 番ピンにマイナス端子を接続します。もう 1 つの電解コンデンサは、3 番ピンにプラス端子、2 番ピンにマイナス端子を接続します。

これで回路は完成です。あとは、電池や AC アダプタで電圧を入力すると、一定の電圧が出力されます。このとき、7 V 以上 35 V 未満の電圧を入力してください。

表 6-5-1　必要なパーツ

| 品名 | 素子値 | 個数 |
| --- | --- | --- |
| 3 端子レギュレータ（17805T） | 出力電圧 5V | 1 |
| 電解コンデンサ | 100 μF | 2 |
| ブレッドボード |  | 1 |
| 積層乾電池（006P 角型 9V）または AC アダプタ（出力電圧 7 V 〜 35 V） |  | 1 |

図 6-5-3　3 端子レギュレータの製作

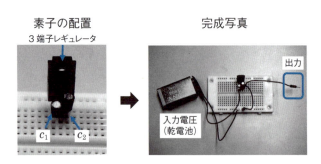

# 光センサ回路の製作

## ●使用する光センサ

本節では入力に光センサを使って6-2節で紹介したLED点灯回路を自動化します。具体的には、S9648-100というフォトダイオード（光センサ）を使って、「暗くなったらLEDが点灯する」という回路を製作します。S9648-100は100 luxという明るさの光が当たったときに約0.26 mAの電流が流れます。この電流を使ってLED点灯回路を作りましょう。

## ●フォトダイオードの電流を増幅・反転する回路

今回はエミッタ接地回路を使います。フォトダイオードの小さな電流をバイポーラトランジスタで増幅させ、抵抗$R_C$に流します。バイポーラトランジスタに電流が流れているときは$R_C$に大きな電圧降下が発生するため、LEDにはほとんど電圧が掛かりません。

一方、フォトダイオードに光が当たらず、バイポーラトランジスタのベースに電流が流れない場合、$R_C$に流れる電流はLEDに流れ込み、LEDが点灯します。

## ●抵抗値の計算

EBG3402SというLEDを使用します。このLEDの標準電流は20 mAですので、これを電流の目標値とします。LEDに20 mA流れるときのLEDの順方向電圧は2.1 Vです。乾電池4個を直列につないだ電源電圧は6 Vなので、抵抗$R_C$に掛かる電圧は6 V − 2.1 V = 3.9 Vとなります（図6-6-1）。

LEDに流す電流値が20 mAなので、抵抗$R_C$を流れる電流も20 mAです。3.9 Vの電圧が掛かっている抵抗に20 mAの電流が流れるときの抵抗値は

$$R_C = \frac{3.9 \,\text{V}}{20 \,\text{mA}} = 195 \,\Omega$$

となります。E6系列の抵抗には195 Ωがないので、LED点灯回路（6-2節）

と同様に 220 Ω を使いましょう。

**表 6-6-1　必要なパーツ**

| 品名 | 素子値 | 個数 |
| --- | --- | --- |
| フォトダイオード（S9648-100） |  | 1 |
| npn 型トランジスタ（2SC1815） |  | 1 |
| LED（EBG3402S） |  | 1 |
| 1/4 W 炭素皮膜抵抗 | 220 Ω | 1 |
| 単 3 電池 | 1.5 V | 4 |
| 電池 BOX |  | 1 |
| ブレッドボード |  | 1 |

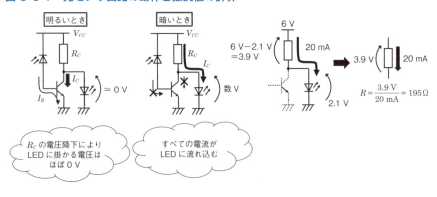

図 6-6-1　光センサ回路の動作と抵抗値の計算

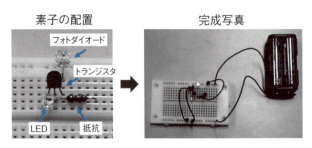

図 6-6-2　光センサ回路の製作

# 第7章

# 総復習
# 電子回路の学び方

　本書ではこれまで、電気の基本法則や公式の意味を説明し、それらを使った回路解析について説明しました。また、実用的な回路を通して法則や公式の理解を深めてもらいました。ここまで読んでいただければ、電子回路の基本を理解できているはずです。本章では、これから電子回路をより詳しく学んでいくためのヒントを紹介します。本章を参考に電子回路を深く理解し、いろんな回路を作ってもらえたら幸いです。

# 7-1 基本をしっかり学ぼう

## ●電気の基本

　私たちの身の回りには電気で動くものがたくさんありますが、「電気」自体は目に見えません。目に見えないものを公式や法則で覚えることはとても大変です。

　まずは電気の性質とその正体をイメージできるようになりましょう。豆電球や抵抗に電圧を掛けると、電圧の高い方から低い方へと電流が流れます。この電流の正体は**電子**という粒で、電流と逆向きに流れます（図7-1-1）。

　電流の流れやすさは材料によって異なります。電気を通しやすい**導体**、電気を通しにくい**絶縁体**、導体と絶縁体の中間くらいの通しやすさを持つ**半導体**という3つに分けることができます。

　電子回路では半導体を利用して、電気を増幅したり、計算したりできます。また、電子回路と情報（**プログラム**）を加えることで、ロボットのような複雑な動作をするものを作ることができます（図7-1-2）。

## ●電気回路の基本

　電子回路では電気回路で学ぶ公式や法則を使います。電圧や電流には、時間変化しない**直流**と時間変化を正弦波で表現できる**交流**があります。

　直流も交流も**オームの法則**という最も基本的な法則が成り立ちます。オームの法則は「電流は電圧に比例する」というもので、このときの比例定数の逆数が電流の流れにくさを表す**抵抗**です。

　まずは電子の流れをイメージしてオームの法則を理解できるようになりましょう。オームの法則を理解できたら、それを使ってキルヒホッフの法則や合成抵抗を理解することができます（図7-1-3）。

### 図 7-1-1 目に見えない電気の学び方

### 図 7-1-2 半導体で様々な電子回路ができる

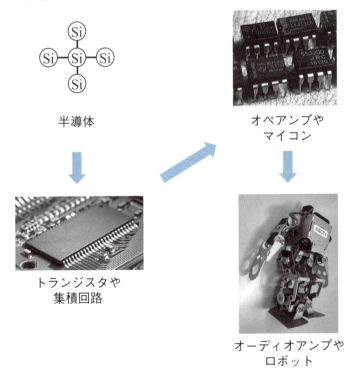

### 図 7-1-3　電子回路で使う電気回路の基本

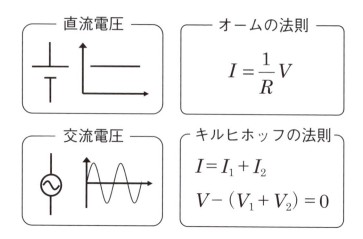

---

#### ⚠ 回路の保護機能

　電子工作をするとき、市販されているオペアンプや電源回路を使うと便利です。オペアンプや電源回路を設計するのは非常に難しいですが、市販のものであれば知識がなくてもこれらの回路を使用することができます。また、市販のオペアンプや電源回路には、知識のない人が使用しても大丈夫なように保護機能が付いています。例えば、電源回路が出力できる電流の大きさには限界があります。何も知らずに電源回路の先に大きな電流を必要とする回路を接続すると、電源回路が発熱し過ぎて壊れてしまいます。一般的な電源回路は、電流の流れ過ぎを検知すると出力を遮断する保護機能が付いています。

　自分で回路を作るときにも保護機能を付けることができます。例えば、オペアンプを使用していると、入力に電源電圧以上の電圧が加わることがあります。場合によってはオペアンプが壊れてしまいます。

　このようなときは、電源と入力の間に、ダイオードに逆方向バイアスが掛かるように接続して入力に電源電圧以上の電圧が掛からないように保護します。電子工作に慣れてきたらこのような保護機能も考えてみましょう。

# 電子回路を学ぼう

## ●電子回路で使う電子部品

電子回路に使われる電子部品の特徴や役割を理解しましょう。それぞれの素子の動作の理解が電子回路を学ぶうえでは必要不可欠です（図 7-2-1）。

表 7-2-1　電子部品の役割

| 抵抗 | 電流の流れを制御する。 |
|---|---|
| コンデンサ | 周波数の高い信号を通す。 |
| コイル | 周波数の低い信号を通す。 |
| ダイオード | 電流の向きを制御する。 |
| トランジスタ | 小さな信号で大きな信号を制御する。 |
| オペアンプ | 信号を増幅したり、信号で演算したりする。 |
| LED | 電流を流すと光る。 |
| センサ | 自然界のエネルギーを電気信号に変換する。 |

図 7-2-1　電子回路で使用する素子の特徴と役割を理解しよう

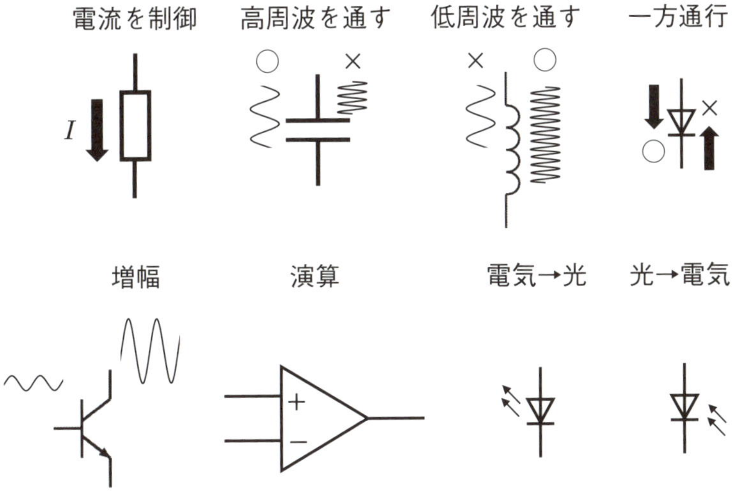

## ●電子回路の動作

　電子部品を使った回路について学び、電子回路を理解しましょう。ダイオードやトランジスタなどの半導体素子の静特性と、電気回路の基本特性をしっかりと理解しておけば、電子回路の動作は理解できます。

　まずは、トランジスタを使った**増幅回路**について学びましょう。トランジスタはベースに入力される小さな信号を大きな信号に増幅して出力します。オペアンプを使えばもっと大きな増幅を実現でき、オペアンプに付ける抵抗の比によって増幅度を決めることができます。

　増幅回路を使えば、小さな信号を大きな信号にすることができます。音楽プレイヤーを使ってスピーカーから大きな音を出すときは、トランジスタを用いた増幅回路を利用します。大きな電流を流したり、機器から発生する雑音を除去したりする回路を増幅回路に加えることで、高音質な音楽を楽しむことができます。オーディオアンプのような応用回路を通して電子回路の理解を深めましょう（図 7-2-2）。

**図 7-2-2　電子回路の基本動作から応用まで理解しよう**

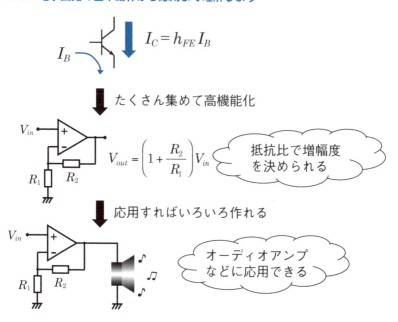

# 7-3 はんだ付けとブレッドボード

## ●素子の接続方法

　電子回路を好きになるには、実際に回路を作ってみると良いでしょう。ただし、初めて電子回路を作るとき、抵抗やコンデンサなどの素子の接続方法でつまずくことがあります。また、接続の仕方が悪いと回路が動かない原因にもなりますので、接続方法をきちんと知っておかなければなりません（図7-3-1）。本節では、はんだ付けでの接続とブレッドボードを使った接続について説明します。

**図 7-3-1　部品の接続にはユニバーサル基板やブレッドボードを使う**

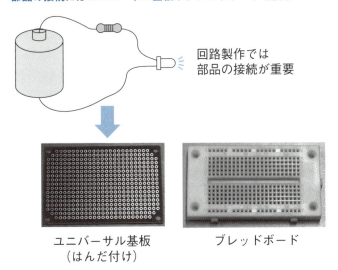

## ●はんだ付けのやり方

　まずは、素子接続の基本である**はんだ付け**での接続方法を説明します。はんだ付けは、プリント基板やユニバーサル基板を使うときの接続手段です（図7-3-2）。ここでは、ユニバーサル基板を使ったはんだ付けについて説明します。

手順としては、
1. 素子を基板に差し込む。
2. 素子と基板をはんだで接続する。
3. 無駄なリード線を切断する。
4. 離れた素子を接続する。
5. 近接した素子を接続する。

となります。

**図 7-3-2　ユニバーサル基板における部品の接続**

①部品を基板に差す

②はんだで接続

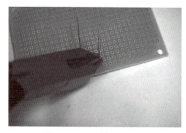

③リード線を切断

④部品の足を使って他の部品と接続

**素子を基板に差し込む**　ユニバーサル基板には多数の穴が開いています。この穴の間隔は 2.54 mm（0.1 インチ）です。素子を差し込むときは、穴の感覚に合わせて素子のリード線を曲げます。抵抗などは手で曲げて差し込むことができますが、ニッパやピンセットを使って曲げた方が綺麗に曲げられます（図 7-3-3）。

### 図 7-3-3　基板への差し込みとはんだ付け

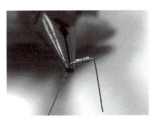
ラジオペンチやピンセットで穴の間隔にあわせて曲げる

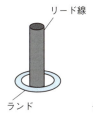
リード線
ランド
ランドと部品の足をよく温めます。肝心な手順です。

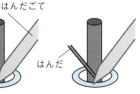
はんだごて
はんだ
よく温めたところにはんだを差し込むように入れます。

**素子と基板をはんだで接続する**　温まったはんだごてを使ってはんだを溶かして素子と基板を接続します。素子を基板に差し込んでいる間にはんだごてを温めておくとよいでしょう。

　まず、はんだごてで基板の穴の周りの金属部分（**ランド**といいます）と素子のリード線を温めます。1 秒くらい温めたらはんだを付け、はんだとはんだごてを基板から離します。このとき、はんだが不足したり多すぎたりしないように注意して下さい。はんだが富士山のような円錐形になる状態が目安です（図 7-3-3）。

**無駄なリード線を切断する**　はんだ付けした素子のリード線で不要なものはニッパで切断します。このとき、リード線がどこかへ飛んでいってしまうので、切断するリード線を手でつまんでおきましょう。また、切断したリード線を配線に利用するので、捨てずにまとめておきます（図 7-3-4）。

#### 図 7-3-4　リード線の切断とリード線を利用した接続

無駄なリード線をカットする

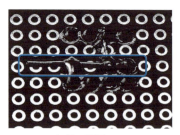
GND などの電源ラインには
長いリード線が便利

リード線を使って離れた素子に
接続する

　**離れた素子を接続する**　接続する素子が離れているときは、リード線を利用して接続します。抵抗などの長いリード線はそのまま折り曲げて配線します。このとき、ラジオペンチやピンセットを使うと綺麗に曲げられます。配線が長く、ぐらぐらするときは、配線の途中でランドとはんだ付けして固定しましょう（図 7-3-4）。

　また、電源や GND は多くの素子で利用するため、電源や GND の配線（電源ライン）は 1 本の長いリード線を使い、そこから分岐させると便利です（図 7-3-4）。

　**近接した素子を接続する**　隣に配置された素子を接続するときは、はんだを流し込んで接続できます。2 つの素子のはんだ付けした部分にはんだごてを当てて接続したい部分を温めます。接続しているはんだが溶けてきたら、2 つのランドの間に新しいはんだを流し込みます。すると、2 つの素子をまたぐようにはんだがくっ付きます。これを**はんだブリッジ**といいます（図7-3-5）。

### 図 7-3-5 近接した素子の接続

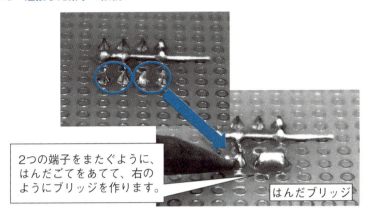

2つの端子をまたぐように、はんだごてをあてて、右のようにブリッジを作ります。

はんだブリッジ

## ●ブレッドボードの使い方

ブレッドボードはたくさん穴の開いた板で、板の中で配線され、各列の穴同士が接続されています（図7-3-6）。よって、同じ列の穴に差し込んだ素子が接続されます。接続手順は次のとおりです。

1. 素子をブレッドボードに差し込む。
2. ジャンパー線で素子を接続する。

見てわかるとおり、はんだ付けが不要なのでとても簡単です。ただし、配線が抜けやすかったり、抜き差しによってブレッドボード内部の接続が悪くなったりすることもあるので、ブレッドボードは動作確認要に使った方がいいです。動作を確認したら、ユニバーサル基板などにはんだ付けしましょう。

### 図 7-3-6 ブレッドボードでの接続

 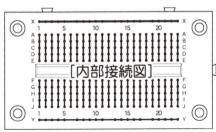

出典：http://akizukidenshi.com/catalog/g/gP-00313/

# 7-4 部品のお取り寄せガイド

## ●部品を用意しよう

　手元に部品が用意されていれば、すぐに回路を作ることができるのですが、初めて挑戦する人はまったく何もない状態から始まります。東京の秋葉原に行けば、電子工作に必要な部品がそろえられます。なかなか秋葉原まで行けないという人はインターネット上のオンラインショップで購入しましょう。本節では、本書で紹介した部品や工具を買うことのできるオンラインショップを紹介します（図7-4-1）。

## ●秋月電子電商

　最もメジャーなパーツショップです。本書で紹介している部品のほとんどがここで手に入ります。ログイン画面から会員登録をすれば、インターネット上で買い物できます。東京の秋葉原に店舗があるため、東京に行く機会があったら立ち寄ってみてもいいかもしれません。

## ● RS コンポーネンツ

　ここもメジャーなパーツショップです。秋月電子電商では入手できないパーツも扱っています。こちらもオンライン登録すればインターネット上で買い物できます。

## ●マルツパーツ

　このショップも品ぞろえ豊富です。マルツパーツは地方にも店舗を持つパーツショップです。地方に住んでいる方は、近くのマルツパーツに足を運んでみるのがいいかもしれません。

## ●ホーザン（HOZAN）

　工具をそろえるときはホーザンが便利です。ニッパやペンチ、はんだごてなど電子工作に必要な工具がそろいます。まったく工具を持っていない人は工具セットがお勧めです。

### 図 7-4-1　電子工作に必要な材料をそろえるためのショップのホームページ

●秋月電子通商
http://akizukidenshi.com/catalog/default.aspx

●RSコンポーネンツ
http://jp.rs-online.com/web/

●マルツパーツ
http://www.marutsu.co.jp

●ホーザン
http://www.hozan.co.jp

# 電子回路を学ぶための方法

## ●学校で学ぶ電子回路

　高専や大学の授業でも電子回路を学ぶことができます。学校の授業では、素子の特性や等価回路、それを使った回路の計算などを学びます。これをベースとして、増幅回路や電源回路などのさまざまな回路について学んでいきます。

　たくさんの数式が出てきますが、基本的にはオームの法則とキルヒホッフの法則を使っているだけです。あとはトランジスタの物理現象を数式化しただけです。もし、数式がわからなくなったときは本書を読み返してみてください。

## ●電子回路を学ぶために

　本書や学校で学んだ電子回路を応用するためには、基本をしっかり理解している必要があり、そのためには数学の知識が必要不可欠です。数学が苦手な人はここでつまずいてしまい、先へ進むことができなくなってしまいます。

　まずは数式の意味を理解しましょう。電子回路で使う式は、物理現象に合うように当てはめただけです。抵抗やトランジスタの動作を考えながら式を理解しましょう。

　また、回路の特徴を理解することも大切です。回路のメリット・デメリットを理解して、どのようなときにどのような回路を使えばいいのかわかるようになりましょう。

　余力がある人は実際に電子回路を作ってみましょう。学んだ知識を実際に使うことで、理解できていないことを知り、より深く理解できるようになります。また、自分でものを作れば、電子回路の楽しさがわかります。

### 図 7-5-1　基本法則を理解する

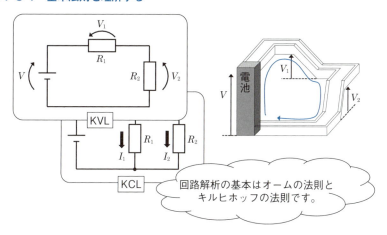

### 図 7-5-2　物理現象をイメージする

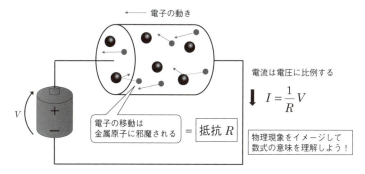

### 図 7-5-3　回路の特徴を理解する

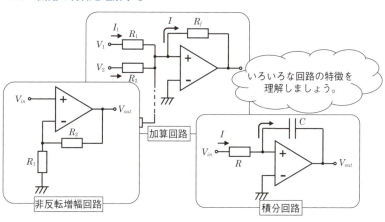

# 7-6 トランジスタの小信号等価回路

## ●回路設計に欠かせない小信号等価回路

　回路の増幅度や動作速度はトランジスタのサイズや種類、流れる電流値などで決まります。トランジスタレベルの設計をする人は、回路の仕様に合わせてトランジスタサイズや電流値を決めていきます。これらを決めるときは、小信号等価回路という回路を使います。

　トランジスタの静特性は指数関数や2次関数など曲がった関数となりますが、極めて狭い範囲で見ると直線に近似できます。数学で言う微分です。この狭い範囲の信号のことを**小信号**といい、この小信号で扱ったときのトランジスタの動作を表す回路のことを**小信号等価回路**といいます（図7-6-1）。

## ●バイポーラトランジスタの小信号等価回路

　バイポーラトランジスタの小信号等価回路はいくつかありますが、教科書などでよく目にするのは **$h$ パラメータ**を使った小信号等価回路です。$h$ パラメータは、バイポーラトランジスタをブラックボックスとして考え、外部から小信号を入力したときの反応を回路で表現したものです。他にも **T 型等価回路**や **$\pi$ 型等価回路**というものが使われます（図7-6-2）。

## ● FET の小信号等価回路

　FET の小信号等価回路として使われるのが、トランスコンダクタンス $g_m$ と出力抵抗 $r_o$ を使った等価回路です（図7-6-3）。ゲート－ソース間電圧をドレイン電流に変換するパラメータが $g_m$ です。FET の出力抵抗 $r_o$ は理想的には無限大なのですが、サイズが微細になるほど出力抵抗は低下するので、最近の微細プロセスでは無視できないパラメータです。

### 図 7-6-1　回路特性は小信号等価回路で求められる

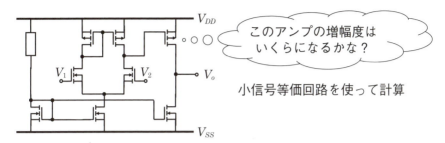

小信号等価回路を使って計算

### 図 7-6-2　小さな信号であればトランジスタを小信号等価回路として扱える

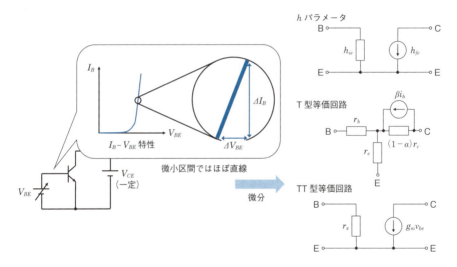

### 図 7-6-3　MOS-FET の小信号等価回路

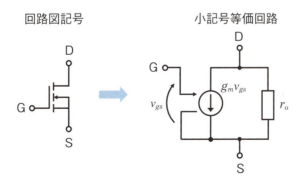

## 7-7 プリント基板で製作するために

### ●回路が完成するまでの流れ

　回路の動作確認などにはブレッドボードやユニバーサル基板が向いていますが、複数の回路を製作する場合にはプリント基板があると便利です。プリント基板であれば素子を基板にはんだ付けするだけで回路が完成します（図7-7-1）。プリント基板で回路を製作する場合は以下の手順で進めていきます。

1. 仕様検討・製作計画
2. 回路設計（回路図や抵抗値などを決める）
3. 基板レイアウト（設計に合わせて配線を引く）
4. 組み立て（はんだ付けで素子を接続する）
5. 検証（仕様どおりに動くか確かめる）

### ●プリント基板作成方法

　プリント基板を作成するときは、プリント基板に素子間の配線を作るために、**レイアウト**という作業を行います。基板レイアウト作業は基本的に線を引くだけなので、パワーポイントなどの一般的なソフトウェアでもできます。しかし、**EAGLE** や **CADLUS** などの無料の基板レイアウトソフトもいくつかあるので、それらを使うと便利です。

　レイアウトしたらプリント基板を作成しなければなりません。装置があれば個人でも作れるのですが、装置のコストや維持・管理を考えるととても大変です。そこでお勧めなのがプリント基板製造業者に依頼することです（図7-7-2）。個人向けの製造業者がいくつかあるので、プリント基板を作成するときには、ぜひ探してみてください。有名なのは **P板.com** という業者です。通常は装置の準備などの**イニシャルコスト**というものが必要で、少量生産の場合はコストパフォーマンスが悪いのですが、個人向け業者であればイニシャルコストが不要になります。

### 図 7-7-1　作成したプリント基板

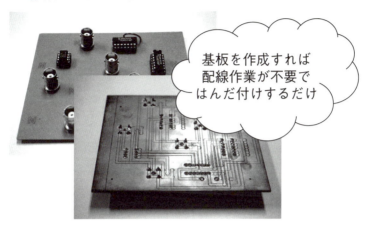

基板を作成すれば配線作業が不要ではんだ付けするだけ

### 図 7-7-2　複雑な基板レイアウトも可能なレイアウト専用ツール

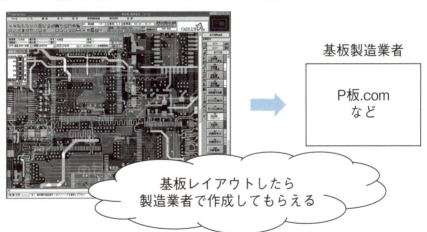

基板製造業者

P板.com など

基板レイアウトしたら製造業者で作成してもらえる

# 回路シミュレータを使った設計

## ●回路設計と回路シミュレータ

実際の回路設計では、回路の動作を細かい確認するために**回路シミュレータ**を使います。回路シミュレータを使えば、パソコン上で作成した回路の動作を確認することができます。また、実験で調べることが難しい検証も容易にできます。このように回路シミュレータを使えば、回路を製作した後での失敗を減らすことができます（図 7-8-1）。

## ●回路シミュレータの原理

回路シミュレータは、回路の素子とその接続情報からオームの法則やキルヒホッフの法則を使って素子に流れる電流や電圧を計算します。回路の接続情報のことを**ネットリスト**といいます。回路シミュレータでは様々な解析ができ、それに合わせてトランジスタなどの半導体素子の等価回路を変えてシミュレーションしています。例えば、増幅度などの小信号特性を解析するときは、7-6 節で説明したような小信号等価回路を使用します。ただし、実際にはもっと複雑な等価回路を使用して計算しています。

## ●回路シミュレータの種類

電子工作のように市販のトランジスタを使う場合は、LTSpice や PSpice などがよく使われます。特に、LTSpice は無料で使用制限がないのでお勧めです。また、回路図を描くだけでネットリストが自動生成されるため、初心者でも簡単に回路をシミュレーションできます（図 7-8-2）。

一方、集積回路内部をトランジスタレベルで設計するときは、HSPICE や Spectre というツールを使います（図 7-8-3）。これらのツールは企業や大学・高専で使われていますが、非常に高価なので個人で購入するものではありません。

### 図 7-8-1 シミュレータを使った回路設計

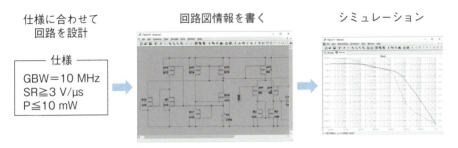

仕様に合わせて回路を設計

― 仕様 ―
GBW＝10 MHz
SR≧3 V/μs
P≦10 mW

回路図情報を書く

シミュレーション

### 図 7-8-2 無料で利用できる LTSpice

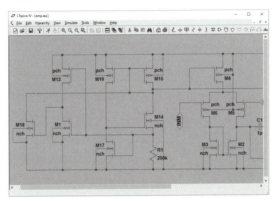

### 図 7-8-3 高機能な HSPICE や Spectre

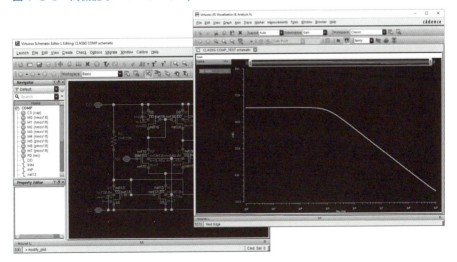

### ❗ 電子工作のすすめ

　「最近の電子機器は集積回路の塊になっていて修理や改造ができない」とよく言われます。昔はラジオやテレビが壊れても、パーツを買って付け替えることで再び使えるようになったそうです。

　私はその世代ではないのでわからない感覚ですが、私が電子回路に興味を持ったきっかけはCPUの改造でした。高校生のときに使っていたパソコンのCPUが「Duron」というものでした。このDuronの上部にある配線の一部を接続するとオーバークロック（CPUの処理速度を上げること）できるようになる裏技がありました。鉛筆で線を引いて配線を接続し、オーバークロックできたときには感動しました。これが私の経験した最初の電子工作です。

　電子回路を学んでいると難しく感じるかもしれませんが、電子工作を少しでも楽しいと感じた経験を持っているのであれば、電子回路の勉強で挫折することはないと思います。もし、まだ電子工作を経験していないのであれば、ぜひやってみてください。今は様々な電子機器が販売されているので「買った方が早いじゃん！」って思うかもしれませんが、胸を張って無駄なものを作りましょう。その経験が電子回路を学ぶ上で非常に大切です。

## ●参考文献

松本光春,『電子部品が一番わかる』,技術評論社,2013
川島純一,斎藤広吉,『電気基礎(上)』,東京電機大学出版局,1994
石川洋平,『電子回路の基本としくみ』,秀和システム,2013
須田健二,土田英一,『電子回路』,コロナ社,2003
小峯龍男,『電子工作のキホン』,SoftBank Creative,2012
米田聡,『電子回路の基礎のキソ』,SoftBank Creative,2007
別府俊幸,『OPアンプMUSESで作る高音質ヘッドホン・アンプ』,CQ出版社,2013
谷口研二,『LSI設計者のためのCMOSアナログ回路入門』,CQ出版社,2005
加藤ただし,『つくる電子回路』,講談社,2007
清水暁生,石川洋平,深井澄夫,『電源回路の基本と仕組み』,秀和システム,2015

# 用語索引

## ア行

アナログ回路……………………… 80
アンテナ…………………………… 116
1 bit 加算器……………………… 126
イニシャルコスト………………… 166
インダクタンス…………………… 54
インピーダンス………… 48, 50, 55
エミッタ接地回路………………… 84
エミッタフォロワ………………… 140
演算増幅器………………………… 70
オーディオアンプ………………… 144
オームの法則……………… 30, 150
重い負荷…………………………… 93
音声信号…………………………… 119

## カ行

回路シミュレータ………………… 168
回路図記号………………………… 28
回路素子…………………………… 42
カスコード接続…………………… 84
加速度センサ……………………… 76
記憶装置…………………………… 106
帰還………………………………… 91
帰還回路…………………………… 145
帰還率……………………………… 91
逆方向バイアス…………………… 60
キャパシタンス…………………… 48
キャリア…………………………… 57
共振周波数………………………… 119
キルヒホッフの法則……………… 32
空乏層……………………………… 58

グランド…………………………… 26
原子………………………………… 14
合成抵抗…………………………… 34
交流………………………… 22, 150
交流電圧…………………………… 22
コレクタ接地回路………………… 86
コレクタ電流……………………… 62
コンダクタンス…………………… 36
コンデンサ………………………… 48
コンパイラ………………………… 106
コンプリメンタリ………………… 140

## サ行

雑音成分…………………………… 145
差動増幅段………………………… 70
3 端子レギュレータ………… 123, 145
磁束………………………………… 53
実効値……………………… 22, 24
遮断周波数………………… 91, 97
周期………………………………… 22
集積回路…………………………… 12
周波数……………………………… 22
周波数成分………………………… 97
重負荷……………………………… 93
出力インピーダンス……………… 72
受動素子…………………………… 42
瞬時値……………………………… 24
順方向バイアス…………………… 58
小信号……………………………… 164
小信号等価回路…………………… 164
消費電力…………………………… 38
ショート…………………………… 12
信号の演算………………………… 80

| | |
|---|---|
| 信号の加工 | 80 |
| 信号の増幅 | 80 |
| スイッチングレギュレータ | 123 |
| 正帰還 | 121 |
| 正弦波 | 22 |
| 静特性 | 62, 68 |
| 整流 | 58 |
| 絶縁体 | 12, 150 |
| 絶対最大定格 | 20, 110, 132 |
| 接地 | 82 |
| 線形素子 | 108 |
| センサ | 108 |
| 増幅回路 | 154 |
| 増幅度 | 136 |
| ソース | 66 |
| ソース接地回路 | 84 |
| 素子 | 155 |

### タ行

| | |
|---|---|
| ダーリントン接続 | 64 |
| ダーリントントランジスタ | 64 |
| 対数 | 46 |
| 立上がり電圧 | 58, 60 |
| 短絡 | 12 |
| 遅延 | 102 |
| チップ抵抗 | 44 |
| チャネル | 66 |
| 中央演算装置 | 106 |
| 中性子 | 14 |
| 直流 | 22, 150 |
| 直流電圧 | 22 |
| 直列つなぎ | 10 |
| 直列抵抗 | 34 |
| 定格 | 20 |
| 定格電力 | 134 |
| 抵抗 | 30, 150 |
| 抵抗の誤差 | 47 |
| 定電圧源 | 123 |

| | |
|---|---|
| 定電流回路 | 96 |
| 定電流源 | 95 |
| デジタル回路 | 80 |
| デジタル回路の基本回路 | 103 |
| 電圧 | 10 |
| 電圧源 | 28 |
| 電圧増幅 | 84 |
| 電圧増幅段 | 71 |
| 電圧増幅度 | 84 |
| 電圧則 | 32 |
| 電位 | 26 |
| 電位差 | 26 |
| 電荷量 | 14 |
| 電気回路 | 18 |
| 電気抵抗 | 44 |
| 電気の力 | 10 |
| 電気の変換 | 16 |
| 電源 | 28 |
| 電源回路 | 28, 123 |
| 電子 | 14, 150 |
| 電子回路 | 13 |
| 電子回路の動作 | 154 |
| 電子工作 | 130 |
| 電子部品 | 153 |
| 電流 | 10, 14 |
| 電流源 | 28 |
| 電流制御電流源 | 62 |
| 電流増幅 | 86 |
| 電流則 | 32 |
| 電力 | 38 |
| 電力増幅段 | 71 |
| 導線 | 12 |
| 導体 | 12, 150 |
| 同調回路 | 118 |
| トランスコンダクタンス | 68 |
| ドレイン | 66 |
| ドレイン電流 | 66 |
| トレードオフの関係 | 78 |

## ナ行

| | |
|---|---|
| 2乗則 | 68 |
| 入力インピーダンス | 72 |
| ネットリスト | 168 |
| 能動素子 | 42 |

## ハ行

| | |
|---|---|
| バーチャルショート | 72 |
| π型等価回路 | 164 |
| ハイパスフィルタ | 97 |
| バイポーラトランジスタ | 64, 124, 164 |
| 波長 | 116 |
| 発光ダイオード | 74 |
| 発振 | 145 |
| バッファ回路 | 94, 140 |
| はんだ付け | 155 |
| 反転増幅回路 | 89 |
| 半導体 | 12, 150 |
| 半波整流回路 | 60 |
| 光センサ | 76, 86, 124 |
| 非線形 | 101 |
| 非線形素子 | 108 |
| 非反転増幅回路 | 88 |
| 比誘電率 | 49 |
| フィルタ回路 | 97 |
| フォトダイオード | 76 |
| 負荷 | 93 |
| 負荷を駆動する | 93 |
| 負帰還 | 91 |
| プッシュプル | 140 |
| プリント基板 | 166 |
| ブレッドボード | 159 |
| プログラミング | 18, 80, 106 |
| プログラミング言語 | 106 |
| プログラム | 105, 150 |
| 分圧 | 44 |
| 分子 | 14 |
| 分流 | 44 |
| 並列つなぎ | 10 |
| 並列抵抗 | 34 |
| ヘッドホンアンプ | 112 |
| 砲弾型LED | 74 |
| ホール | 57 |

## マ行

| | |
|---|---|
| マイクロコントローラ | 106 |
| マイコン | 106 |
| 右ねじの法則 | 53 |
| メモリ | 106 |

## ヤ行

| | |
|---|---|
| 誘電体 | 49 |
| 誘電率 | 49 |
| 誘導起電力 | 53 |
| 陽子 | 14 |
| 1/4 W抵抗 | 134 |

## ラ行

| | |
|---|---|
| ランド | 157 |
| リード抵抗 | 44 |
| リプル | 145 |
| 両電源 | 138 |
| レイアウト | 166 |
| ローパスフィルタ | 97, 120 |
| 論理式の回路化 | 127 |

AND 回路 ……………………………… 103
CADLUS ……………………………… 166
CPU …………………………………… 106
EAGLE ………………………………… 166
FET ……………………………… 66, 164
FPGA …………………………………… 128
GND ……………………………………… 26
h パラメータ ………………………… 164
I-V 特性 ………………………………… 60
KCL ……………………………………… 32
KVL ……………………………………… 32
LED ……………………………………… 74
MOS-FET ……………………………… 68
NAND 回路 …………………………… 104
NOR 回路 ……………………………… 104
NOT 回路 ……………………………… 103
npn 型トランジスタ …………………… 62
n 型半導体 ……………………………… 57
OR 回路 ……………………………… 103
pnp 型トランジスタ …………………… 62
pn 接合 ………………………………… 58
p 型半導体 ……………………………… 57
P 板 .com ……………………………… 166
T 型等価回路 ………………………… 164

175

■著者紹介

**清水　暁生**（しみず　あきお）

鹿児島県立錦江湾高等学校卒業。佐賀大学理工学部電気電子工学科卒業、同大学大学院博士前期後期課程修了。博士（工学）。
2011年有明工業高等専門学校電気工学科着任。2014年より講師。
電子回路を専門とし、低電圧アプリケーション向けのアナログCMOS集積回路に関する研究に従事。
電子情報通信学会会員、IEEE会員。

●装丁　　　　　中村友和（ROVARIS）
●編集＆DTP　　株式会社エディトリアルハウス

しくみ図解シリーズ
**電子回路が一番わかる**

2016年 9月10日　初版　第1刷発行
2020年10月16日　初版　第2刷発行

著　者　　清水　暁生
発行者　　片岡　巌
発行所　　株式会社技術評論社
　　　　　東京都新宿区市谷左内町 21-13
　　　　　電話　03-3513-6150　販売促進部
　　　　　　　　03-3267-2270　書籍編集部
印刷／製本　株式会社加藤文明社

定価はカバーに表示してあります。

本書の一部または全部を著作権法の定める範囲を超え、無断で複写、複製、転載、テープ化、ファイル化することを禁じます。

©2016　清水　暁生

造本には細心の注意を払っておりますが、万一、乱丁（ページの乱れ）や落丁（ページの抜け）がございましたら、小社販売促進部までお送りください。送料小社負担にてお取り替えいたします。

ISBN978-4-7741-8276-6　C3055

Printed in Japan

本書の内容に関するご質問は、下記の宛先まで書面にてお送りください。お電話によるご質問および本書に記載されている内容以外のご質問には、一切お答えできません。あらかじめご了承ください。
〒162-0846
新宿区市谷左内町21-13
株式会社技術評論社 書籍編集部
「しくみ図解」係
FAX：03-3267-2271